WPS Office 高效办公

案例＋技巧＋视频

刘霞 / 编著

全能手册

职场实例 · 思维导图 · 技巧速查 · 避坑指南
拓展技能 · 图解步骤 · 视频教学 · 资源附赠

U0234944

北京理工大学出版社
BEIJING INSTITUTE OF TECHNOLOGY PRESS

内 容 简 介

本书以 WPS Office 为办公操作平台，系统、全面地讲解了 WPS Office 中 WPS 文字、WPS 表格和 WPS 演示三个常用组件的实用操作和相关技巧，还介绍了 WPS Office 中 PDF 文件、流程图、金山海报、思维导图和表单几个组件的操作方法和技巧。

全书共包含 14 章，总体划分为 2 篇：办公实战案例篇和办公技巧速查篇。第 1 篇办公实战案例篇（第 1~10 章），结合工作应用场景，通过丰富的职场案例，系统讲解 WPS 文字、WPS 表格和 WPS 演示三个重要组件及其他组件的相关实战技能。第 2 篇办公技巧速查篇（第 11~14 章），主要针对第 1 篇各章案例中未曾涉及的知识点及相关操作技巧进行查漏补缺，讲解 100 个相关操作技巧，使读者在掌握 WPS Office 技能的同时，也能学到更多的 WPS Office 各组件的巧用之道，提高使用 WPS Office 办公的工作效率。

本书内容系统全面，案例丰富，实用性极强，非常适合职场人士用于精进 WPS Office 的应用技术、技能和技巧，也适合基础薄弱又想迅速掌握 WPS Office 技能以提高工作效率的读者使用，同时还可作为各职业院校相关专业、计算机培训机构等的教学参考用书。

版权专有　侵权必究

图书在版编目（CIP）数据

WPS Office高效办公全能手册：案例+技巧+视频 /
刘霞编著.—北京：北京理工大学出版社，2023.6
　ISBN 978-7-5763-1810-4

　Ⅰ. ①W… Ⅱ. ①刘… Ⅲ. ①办公自动化 – 应用软件
– 手册 Ⅳ. ①TP317.1-62

　中国版本图书馆CIP数据核字（2022）第205762号

出版发行 / 北京理工大学出版社有限责任公司
社　　　址 / 北京市海淀区中关村南大街5号
邮　　　编 / 100081
电　　　话 /（010）68914775（总编室）
　　　　　　（010）82562903（教材售后服务热线）
　　　　　　（010）68944723（其他图书服务热线）
网　　　址 / http：//www.bitpress.com.cn
经　　　销 / 全国各地新华书店
印　　　刷 / 涿州市京南印刷厂
开　　　本 / 710 毫米 × 1000 毫米　1 / 16
印　　　张 / 20.25
字　　　数 / 570千字
版　　　次 / 2023 年 6 月第 1 版　2023 年 6 月第 1 次印刷
定　　　价 / 89.00 元

责任编辑 / 时京京
文案编辑 / 时京京
责任校对 / 刘亚男
责任印制 / 李志强

WPS Office，是由金山办公软件股份有限公司推出的一款办公软件，被广泛应用于日常办公中，具有功能强大而又简单易学的特点。它包含多个常用办公组件，如 WPS 文字、WPS 表格、WPS 演示、PDF 文件、流程图、金山海报、思维导图、表单等，足以满足现代企业日常办公之所需。

在现如今快节奏的时代背景下，熟练使用 WPS Office 是职场人士的必备技能之一，绝大多数企业在招聘员工时强调应聘者需具备熟练的办公软件操作能力。无论你是从事人力资源、财务会计、市场营销，还是从事设计、软件编程等工作；无论你是一线员工，还是公司管理人员，在工作中都离不开 WPS Office 办公软件的应用。日常工作中我们经常需要制作通知、个人简历、公司管理章程、员工工资表、进销存库存表、活动策划、工作报告等文档，如果能熟练使用 WPS Office 办公软件，工作就会变得简单、高效。

为此，我们策划并编写了《WPS Office 高效办公全能手册（案例 + 技巧 + 视频）》。在 WPS Office 办公软件中，使用频率最高的莫过于 WPS 文字、WPS 表格和 WPS 演示这三大组件。因此，学会和掌握 WPS 文字、WPS 表格和 WPS 演示这三个组件，成为是否熟练掌握 WPS Office 办公软件的关键指标。

本书针对当前职场人士和商务精英的办公技能需要，结合当前使用广泛的 WPS Office 软件，讲解 WPS 文字、WPS 表格和 WPS 演示这三个组件最常用、最实用的商务办公实战技能，并简单介绍 WPS Office 其他几个组件的操作方法。

一、本书的内容结构介绍

全书分 2 篇共 14 章内容，具体如下。

第 1 篇：办公实战案例（第 1~10 章）。本篇主要以 25 个商务职场案例为线索，详细讲解 WPS 文字、WPS 表格和 WPS 演示三大办公组件的应用技能，并简单介绍 WPS Office 其他几个组件的操作方法。内容包括：❶ 使用 WPS 文字的 9 个职场案例（通知、公司财务管理办法、促销海报、企业组织结构图、个人简历表、季度销售报表、公司管理章程、营销策划书、调查问卷表），详细讲解办公文档的制作；❷ 使用 WPS 表格的 7 个职场案例（员工档案表、员工工资条、员工考核表、进销存库存表、销售业绩表、产品库存表、销量统计透视图表），详细讲解职场工作簿的制作；❸ 使用 WPS 演示的 4 个职场案例（员工入职培训 PPT、产品宣传 PPT、活动策划书、年度工作报告），详细讲解演示文稿的实战技能；❹ 使用 WPS Office 其他几个组件的 5 个职场案例（"企业宣传手册" PDF 文件、"企业组织结构"流程图、"企业招聘"海报、"项目规划"思维导图、"产品订购表"表单），简单介绍 PDF 文件、流程图、金山海报、思维导图和表单的操作方法。

第 2 篇：办公技巧速查（第 11~14 章）。本篇内容主要讲解 100 个 WPS Office 软件的办公技巧知识，方便读者遇到问题查询使用。内容包括：❶ 31 个 WPS 文字的文档处理与排版技巧；❷ 24 个 WPS 表格的数据处理和编辑技巧；❸ 15 个 WPS 演示的幻灯片设计与动画制作技巧；❹ 30 个 WPS Office 其他几个组件的使用技巧。

本书注重理论知识与实际工作的结合，每一章都从经典的案例出发，图文并茂分步讲解，在遇到重、难点时，适时安排"小技巧"和"小提示"栏目，帮助读者更好地理解。

二、本书的内容特色介绍

（1）以职场案例形式讲解知识技能应用。本书精选了 25 个职场案例及技能类别，涉及领域宽泛，既包括 WPS 文字、WPS 表格和 WPS 演示三大常用组件的办公技能，还包含 PDF 文件、流程图、金山海报、思维导图和表单 5 个 WPS Office 其他组件的操作方法，其相关案例参考性和实用性都很强。这种以职场真实案例贯穿全书的讲解方法，学完马上就能应用。

（2）使用思维导图进行思路解析。本书设计有 14 个章首页的知识技能思维导图，以及 25 个案例制作思路思维导图。所有案例讲解时都配有细致的思维导图说明，学习时可以先通过思维导图厘清案例思路，明白案例制作要点和步骤，让学习逻辑更连贯，学习目标更有效。

（3）不仅讲解案例制作步骤，还传授相关技能技巧。书中除了包含案例制作的详细讲解外，还在相关步骤及内容中合理安排"小技巧"和"小提示"栏目，以及 100 个软件技能技巧速查，将学习经验、注意事项、操作技巧等内容及时告知读者，是读者学习或操作应用中的避坑指南。

（4）全程图解操作，并配有案例教学视频。本书在进行案例讲解时，为每一步操作都配有对应的操作截图，并清晰地标注操作步骤序号。另外，本书相关内容的讲解都配有同步的多媒体教学视频，读者用微信扫一扫书中对应的二维码，即可观看学习。

三、本书的配套资源及赠送资料介绍

亲爱的读者，你花一本书的钱，得到的却不仅仅是一本书的内容，更是一套完整的职场技能学习套餐！一本书带你轻松搞定多项职场办公技能。

本书同步学习资料

❶ 素材文件：提供本书所有案例的素材文件，读者可以打开指定的素材文件，同步练习操作并进行学习。

❷ 结果文件：提供本书所有案例的最终效果文件，读者可以打开文件参考制作效果。

❸ 视频文件：提供本书相关案例制作的同步教学视频，读者可以扫一扫书中的二维码观看学习。

如何获取本书学习资源

地址：https://pan.baidu.com/s/1eOYSiBxpRYCrozH9kBXT9A?pwd=fzom

提取码：fzom

❶ 本书学习资源存放在百度网盘中，在计算机端用网页浏览器打开上述地址，在页面中输入提取码，即可提取文件。

❷ 如果页面中提示需要登录百度账号或安装百度网盘客户端，则按提示操作（百度网盘注册为免费用户即可）。

❸ 下载的资料如果为压缩包，可使用 7-Zip、WinRAR 等软件解压缩。

❹ 读者在下载和使用学习资源的过程中如果遇到问题，可加入 QQ 群 431474616 寻求帮助。

本书由刘霞编写，其具有多年的一线商务办公教学经验和办公实战应用技巧。

另外，由于计算机技术发展较快，书中疏漏和不足之处在所难免，恳请广大读者指正。

目录

第2篇 办公技巧速查

✏️ 读书笔记

第1篇

办公实战案例

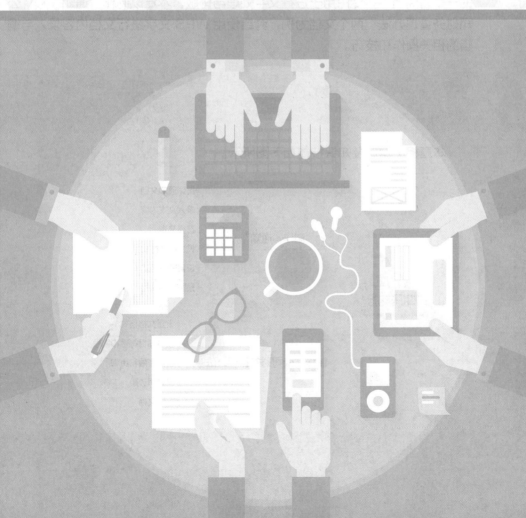

第1章

WPS 文字: 文档内容的录入与编辑

本章导读

　　WPS 2019 是金山公司推出的一款套装办公软件,而 WPS 文字是其中的一个重要组件,专门用于进行文字处理与排版。本章以制作"通知"和"公司财务管理办法"两个文档为例,介绍使用 WPS 文字进行文档内容录入与编辑的相关操作和技巧。

知识技能

本章相关案例及知识技能如下图所示。

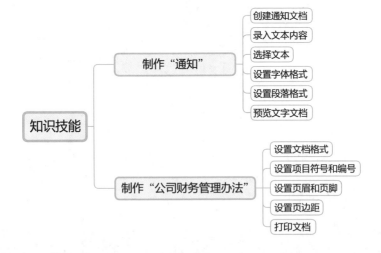

1.1　制作"通知"

案例说明

在日常办公中，通知是最常用的文字文档之一，经常用来提醒和知会一些重要事件，比如会议内容、参会人员、日期和地点等。"通知"文档制作完成后的效果如下图所示（结果文件参见：结果文件\第 1 章\通知 .wps）。

扫一扫，看视频

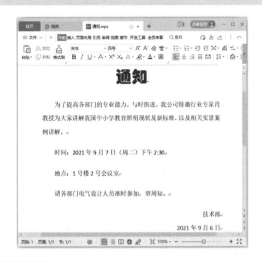

思路分析

公司行政人员在制作通知时，首先要创建一个新的文字文档，并设置好文档的名称和保存位置，接着录入文本内容，然后根据需要设置合适的字体和段落格式，制作完成后可预览打印效果，若有需要改动的地方可及时返回修改，无须改动则可直接打印文档。其具体制作思路如下图所示。

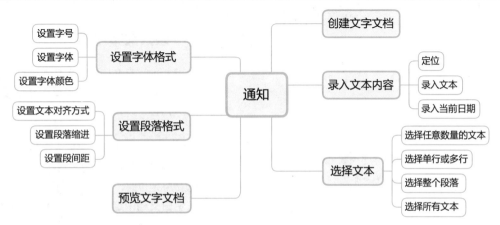

具体操作步骤及方法如下。

1.1.1 创建文字文档

在日常工作中，用户经常遇到需要将信息或者要求以文字形式传给相关部门其他人员的情况，此时可以创建一个通知形式的文字文档。

创建 WPS 文字文档的步骤是，新建一个空白文档，选择文件的保存位置，然后输入文件名称进行保存。

步骤 01 启动 WPS 2019，在标题栏中单击 ➕ 按钮新建文档。

步骤 02 ❶ 打开一个"新建"窗口，在文档类型选择区选择"文字"类型，❷ 单击"新建空白文字"超链接。

🔔 **小提示**

以前的 WPS Office 版本当安装完成后，桌面上会添加"WPS 文字""WPS 表格"和"WPS 演示文稿"等多个快捷方式图标，而 WPS 2019 版本则将多个快捷方式图标整合成一个名称为"WPS 2019"的快捷方式图标，使桌面更加整洁。

步骤 03 此时新建的文件被自动命名为"文字文稿1"，单击快速访问工具栏中的"保存"按钮 🖫。

步骤 04 ❶ 打开"另存文件"对话框，设置好文档的保存位置，❷ 在"文件名"文本框中输入文档名称，❸ 单击"文件类型"下拉列表框，选择"WPS 文字 文件 (*.wps)"选项，❹ 单击"保存"按钮。

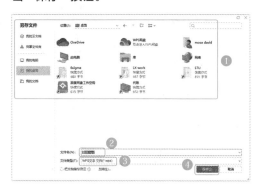

1.1.2 录入文本内容

制作文档时，在文档中输入文本是基本的操作，因此在编辑文档前，首先要学习如何在文档中录入内容。

1. 定位

在文档中输入文本前，需要先定位光标插入点，用户可通过鼠标或者键盘进行定位。

通过鼠标定位时，分为以下两种情况。

● 在空白文档中定位光标插入点：在空白文档中，光标插入点即文档开始处，此时可直接输入文本。

- 在已有文本的文档中定位光标插入点：若文档中已有部分文本，可将鼠标指针指向需要输入文本的具体位置，当鼠标光标呈竖线 I 形状时，单击即可。

通过键盘定位时，分为以下几种方式。

- 按下键盘上的方向键（↑、↓、→或←），光标插入点将向相应的方向移动。
- 按下 Home 键，光标插入点向左移动至当前行行首；按下 End 键，光标插入点向右移动至当前行行末。
- 按下 Ctrl+Home 组合键，光标插入点移至文档开头；按下 Ctrl+End 组合键，光标插入点移至文档末尾。
- 按下 Page Up 键，光标插入点向上移动一页；按下 Page Down 键，光标插入点向下移动一页。

2. 录入文本

定位好光标插入点后，就可以进行文本录入了。

步骤 01 打开"素材文件\第1章\通知.wps"，此时光标自动定位在第一行的第一列中，切换到中文输入法，输入需要的文本。

步骤 02 按下 Enter 键换行，继续输入需要的其他内容。

3. 录入当前日期

在通知文档的末尾处需要录入当前日期，此时可使用 WPS 提供的"日期和时间"功能快速插入所需格式的日期和时间。

步骤 01 ❶ 将光标定位在需要插入日期的位置，❷ 切换到"插入"选项卡，❸ 单击"日期"按钮。

🔔 **小技巧**

在文档中输入年份时，如"2021 年"，此时文本上方将显示当前的日期，其格式为"年＋月＋日＋星期"，按下 Enter 键即可快速输入当前日期。

步骤 02 ❶ 弹出"日期和时间"对话框，在"可用格式"列表框中选择需要的日期格式，❷ 单击"确定"按钮。

1.1.3 选择文本

要对文档内容进行编辑，首先需要确定要修改或调整的对象，即需要选择文本。

1. 选择任意数量的文本

将光标定位在需要选择内容的开始位置，按住鼠标左键不放并拖动到需要选择内容的结束位置，然后释放鼠标左键，即可选择任意数量的文本，被选择的文本区域一般呈灰底显示。

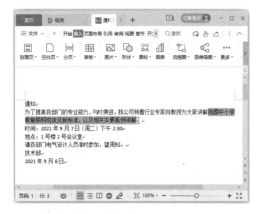

2. 选择单行或多行

如果要选择一行文本，可将鼠标指针移动到文档的左侧空白区域，即选择栏，当鼠标指针变为 形状时，按下鼠标左键，即可选定该行文本。

如果要选择多行文本，可将鼠标指针移动到选择栏，当鼠标指针变为 形状时，按下鼠标左键不放，向上或向下拖动即可选择多行文本。

3. 选择整个段落

如果要选择文档中的一个段落，可通过下面两种方法实现。

- 将光标定位到段落中的任意位置，连续单击三次。
- 将鼠标指针移动到选择栏，当其变为 形状时，双击即可将整个段落选中。

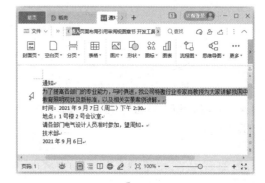

4．选择所有文本

如果要选择文档中的所有内容，可通过下面两种方法快速实现。

- 按下 Ctrl+A 组合键，可选中文档中的所有内容。
- 将鼠标指针移动到选择栏，当其变为 ⬈ 形状时，连续单击三次即可选中文档中的所有内容。

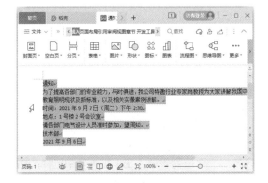

1.1.4　设置字体格式

为了让文档内容更加美观，用户可以对文本的字体和字号进行设置，还可以根据需要更改重点内容的字体颜色。

步骤 01 ❶ 选中要设置字号的文本，❷ 在"开始"选项卡中单击"字号"下拉按钮，❸ 在下拉列表中选择需要的字号。

步骤 02 ❶ 保持文本为选中状态，单击"字体"下拉按钮，❷ 在下拉列表中选择需要的字体。

步骤 03 ❶ 保持文本为选中状态，单击"字体颜色"下拉按钮，❷ 在展开的下拉面板中选择需要的字体颜色。

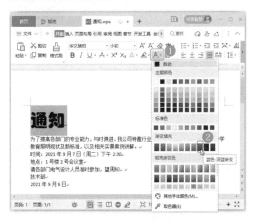

步骤 04 如果下拉面板中没有合适的颜色，可选择"其他字体颜色"命令。

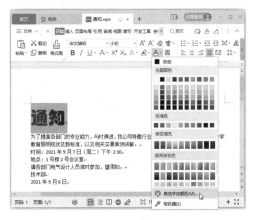

步骤 05 ❶ 弹出"颜色"对话框，选择需要的颜色选项，❷ 单击"确定"按钮。

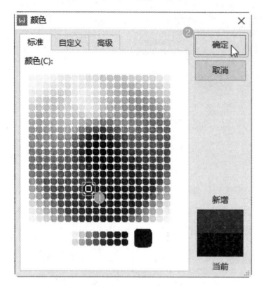

小技巧

在 WPS 文字中选中文本后，附近会出现一个浮动工具栏，在该工具栏中可设置常用的文本格式。此外，单击"开始"选项卡中的"字体"对话框按钮┙，在弹出的"字体"对话框中也可设置字体格式。

1.1.5 设置段落格式

为了增强文档的层次感，提高可阅读性，可对段落格式进行相应的设置，如文本对齐方式、段落缩进和段间距等。

1. 设置文本对齐方式

在 WPS 文字中，有左对齐、居中对齐、右对齐、两端对齐和分散对齐 5 种常见的对齐方式，不同的对齐方式影响着文档的版面效果。

下面将标题设为居中对齐、末尾设为右对齐，操作方法如下。

步骤 01 ❶ 选中标题文本，❷ 在"开始"选项卡中单击"段落"对话框按钮┙。

小提示

选中文本后，也可以在"开始"选项卡中直接单击"居中对齐"按钮进行对齐。

步骤 02 ❶ 弹出"段落"对话框，单击"对齐方式"下拉列表框，在下拉列表中选择"居中对齐"选项，❷ 单击"确定"按钮。

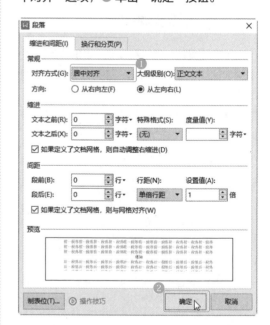

步骤 03 ❶ 选中末尾文本，❷ 在"开始"选项卡中单击"右对齐"按钮≡。

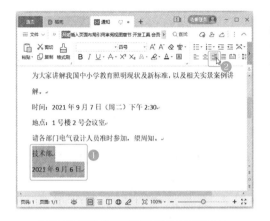

小提示

在日常工作中，标题的对齐方式多为居中对齐，落款的对齐方式多为右对齐，最常用的是两端对齐方式，平时看到的书籍正文使用的都是两端对齐。

2. 设置段落缩进

段落缩进是指段落相对左右页边距向内缩进一段距离，最常用的缩进方式是首行缩进。

步骤 01 ❶ 选中要设置段落缩进的段落，❷ 在"开始"选项卡中单击"段落"对话框按钮↵。

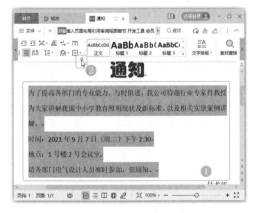

步骤 02 ❶ 弹出"段落"对话框，单击"特殊格式"下拉列表框，在下拉列表中选择"首行缩进"选项，❷ 单击右侧的"度量值"微调按钮，设置缩进距离，❸ 设置完成后单击"确定"按钮。

步骤 03 在返回的文档中可看到设置后的效果。

3. 设置段间距

当阅读长篇文档时，若段间距太小，很容易让人眼花，因此调整合适的段间距才能给读者提供更好的阅读体验。

步骤 01 ❶ 选中要设置段间距的段落，❷ 在"开始"选项卡中单击"段落"对话框按钮↵。

步骤 02 ❶ 弹出"段落"对话框，分别单击"段前"和"段后"微调按钮，根据需要设置合适的段间距，❷ 单击"行距"下拉列表框，在下拉列表中选择合适的行距，❸ 单击"确定"按钮。

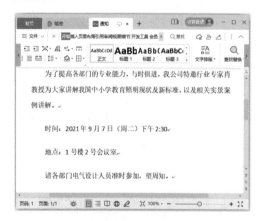

步骤 03 在返回的文档中可看到设置段间距后的效果。

🔔 **小提示**

　　段间距是指相邻两个段落之间的距离，包括段前、段后距和行间距。

1.1.6 预览文字文档

　　在打印文档前，用户可以先预览文档效果，若有不满意的地方可返回重新修改，以免浪费纸张。

步骤 01 ❶ 在 WPS 文字的程序窗口中单击"文件"下拉按钮，❷ 在弹出的下拉菜单中选择"文件"命令，❸ 在展开的子菜单中选择"打印预览"命令。

步骤 02 在返回的界面中可看到文档的预览效果。若有需要修改的地方，可单击"返回"按钮返回编辑界面；若无修改则可直接打印。

🔔 **小提示**

　　在 WPS 文字程序窗口中，按下 Ctrl+P 组合键，可快速打开"打印"对话框，在其中可设置打印范围、打印份数等相关参数。

1.2　制作"公司财务管理办法"

案例说明

　　"没有规矩，不成方圆"，一个公司的正常运转离不开管理制度的约束，而财务管理办法又是所有管理制度的重中之重。公司财务管理办法通常包含现金管理、银行存款管理、票据管理等多个章节，每个章节下面又包含多个具体条例。

　　"公司财务管理办法"文档制作完成后的效果如下图所示（结果文件参见：结果文件\第1章\公司财务管理办法4.wps）。

思路分析

　　制作公司财务管理办法时，首先要设置文档标题的字体和段落格式，接着设置章标题的格式和编号样式，然后设置正文部分条例内容的格式和编号样式，并根据需要设置项目符号样式，接下来还要设置页眉、页脚和页边距，设置完成后可将文档打印为纸质文件进行保存。用项目符号和编号逐级细化，可以让文档看起来更加严谨。其具体制作思路如下图所示。

具体操作步骤及方法如下。

1.2.1 设置文档格式

文档格式包括字体格式和段落格式。用户制作"公司财务管理办法"文档时，建议将章标题设为稍大的字体，以便和正文内容相区分，具体操作如下。

步骤 01 ❶ 打开"素材文件\第1章\公司财务管理办法.wps"，选中第一行标题文本，❷ 在"开始"选项卡中单击"段落"对话框按钮⌐。

步骤 02 ❶ 弹出"段落"对话框，单击"对齐方式"下拉列表框，在下拉列表中选择"居中对齐"选项，❷ 分别单击"段前"和"段后"微调框，在其中输入数值1，❸ 单击"确定"按钮。

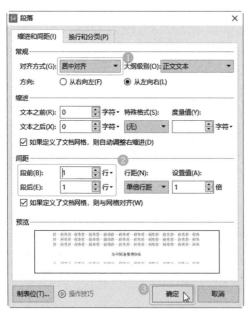

步骤 03 ❶ 保持文本为选中状态，在"开始"选项卡中单击"字体"下拉按钮，❷ 在下拉列表中选择需要的字体。

步骤 04 ❶ 保持文本为选中状态，在"开始"选项卡中单击"字号"下拉按钮，❷ 在下拉列表中选择合适的字号。

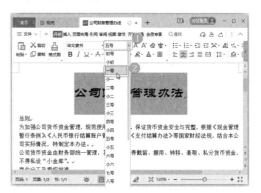

步骤 05 ❶ 选中要设为章标题的段落，❷ 在"开始"选项卡中单击"字体"对话框按钮⌐。

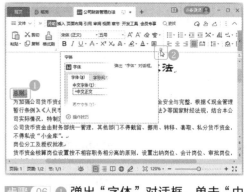

步骤 06 ❶ 弹出"字体"对话框，单击"中文字体"下拉按钮，在下拉列表中选择合适的

字体，❷ 在"字号"列表框中选择字号，❸ 单击"确定"按钮。

步骤 07 保持文本为选中状态，在"开始"选项卡中单击"居中对齐"按钮三。

步骤 08 ❶ 选中一个或多个正文段落，❷ 在"开始"选项卡中单击"字体"对话框按钮⌐。

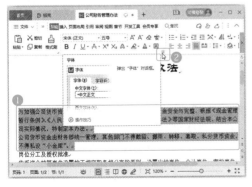

步骤 09 ❶ 弹出"字体"对话框，根据前面的操作设置需要的字体和字号，❷ 单击"确定"按钮。

步骤 10 返回文档，保持文本为选中状态，在"开始"选项卡中单击"段落"对话框按钮⌐。

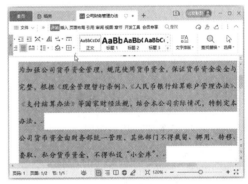

步骤 11 ❶ 选中刚设置的章标题段落，❷ 在"开始"选项卡中双击"格式刷"按钮。

步骤 12 此时鼠标指针变为刷子形状 ，单击下一个要设为此样式的段落，即可快速复制字体和段落样式。

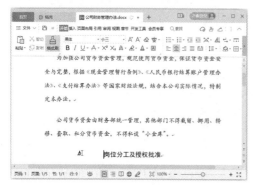

步骤 13 按照前面的操作继续复制粘贴其他段落样式，设置后的效果如下图所示。

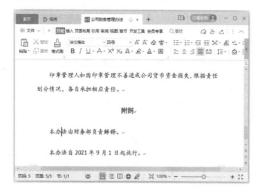

步骤 14 ❶ 设置完成后，单击"文件"下拉按钮，❷ 选择"文件"命令，❸ 在展开的子菜单中选择"另存为"命令。

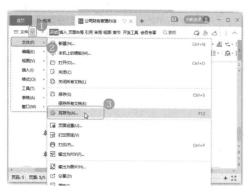

步骤 15 ❶ 弹出"另存文件"对话框，设置

好文档的保存位置，❷ 在"文件名"文本框中设置文件名称，❸ 单击"文件类型"下拉列表框，选择"WPS文字 文件(*.wps)"选项，❹ 单击"保存"按钮。

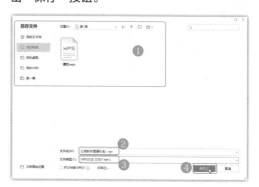

1.2.2 设置项目符号和编号

当制作制度类文档时，通常将大类设为章节样式，如"第一章"；将正文内容设为条例样式，如"第一条"。设置项目符号和编号样式后，可让文档看起来更加专业、严谨。

步骤 01 ❶ 打开"素材文件\第1章\公司财务管理办法1.wps"，选中要设为第一章章标题的段落，❷ 在"开始"选项卡中单击"编号"下拉按钮，❸ 在弹出的下拉面板中选择"自定义编号"命令。

> **🔔 小提示**
>
> "编号"下拉菜单中提供了多种内置的编号样式，单击某个样式可直接将其应用到所选段落中。

步骤 02 ❶ 弹出"项目符号和编号"对话框，选择一种编号样式，❷ 单击"自定义"按钮。

步骤 03 ❶ 弹出"自定义编号列表"对话框，在"编号格式"文本框中设置需要的章节样式，为了与编号后面的文本相区分，可在文字后面添加两个空格，❷ 单击"字体"按钮。

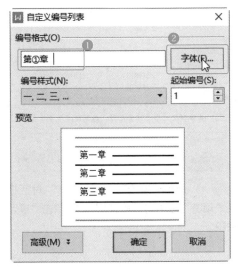

步骤 04 ❶ 弹出"字体"对话框，根据需

要设置合适的字体和字号，❷ 单击"确定"按钮。

步骤 05 返回"自定义编号列表"对话框，在"预览"栏中可预览章节样式，单击"确定"按钮。

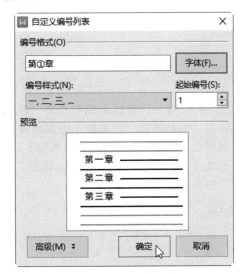

步骤 06 ❶ 选中要设为第一条条例内容的正文段落，❷ 再次单击"编号"下拉按钮，❸ 在弹出的下拉面板中选择"自定义编号"命令。

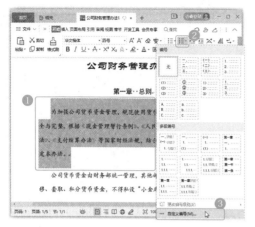

步骤 07 ❶ 弹出"项目符号和编号"对话框，选择一种编号样式，❷ 单击"自定义"按钮。

步骤 08 ❶ 弹出"自定义编号列表"对话框，在"编号格式"文本框中设置需要的条例样式，为了与编号后面的文本相区分，可在文字后面添加两个空格，❷ 单击"字体"按钮。

🔔 小技巧

编号默认从 1 开始，若要以其他数字为编号起始值，可在"起始编号"微调框中直接输入需要的起始值，或者单击右侧的微调按钮进行设置。

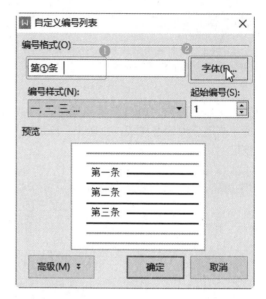

步骤 09 ❶ 弹出"字体"对话框，根据需要设置合适的字体和字号，❷ 单击"确定"按钮。

步骤 10 返回"自定义编号列表"对话框，在"预览"栏中可预览条例样式，单击"确定"按钮。

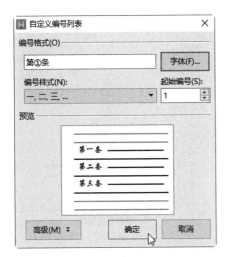

步骤 11 ❶选中要设置项目符号的文本，❷在"开始"选项卡中单击"项目符号"下拉按钮，❸在弹出的下拉面板中选择需要的项目符号样式。

🔔 **小提示**

若"项目符号"下拉面板中没有合适的项目符号样式，用户可选择"自定义项目符号"命令，然后在弹出的"自定义项目符号和编号"对话框中自定义需要的项目符号样式。

步骤 12 ❶选中第一章章标题，❷双击"格式刷"按钮，将对应的章节样式应用到其他需要设为章标题的段落中。

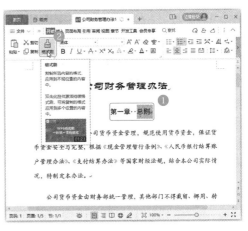

步骤 13 ❶使用格式刷功能设置其他段落样式，设置完成后单击"文件"下拉按钮，❷选择"文件"命令，❸在展开的子菜单中选择"另存为"命令。

步骤 14 ❶弹出"另存文件"对话框，设置好文档的保存位置，❷在"文件名"文本框中设置文件名称，❸单击"文件类型"下拉列表框，选择"WPS文字 文件 (*.wps)"选项，❹单击"保存"按钮。

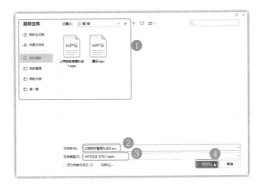

1.2.3 设置页眉和页脚

页眉和页脚位置通常用来标识公司名称、文档名称和页码等信息，以便用户快速查阅，具体操作如下。

步骤 01 ❶ 打开"素材文件\第1章\公司财务管理办法2.wps"，切换到"章节"选项卡，❷ 单击"页眉页脚"按钮。

步骤 02 ❶ 此时文档的页眉和页脚处于可编辑状态，在页眉处输入要显示的页眉内容，选中输入的内容后右击，❷ 在弹出的快捷菜单中选择"字体"命令。

步骤 03 ❶ 弹出"字体"对话框，根据需要设置中文字体和字号，❷ 单击"字体颜色"下拉按钮，❸ 在展开的下拉面板中选择合适的字体颜色，❹ 设置完成后单击"确定"按钮。

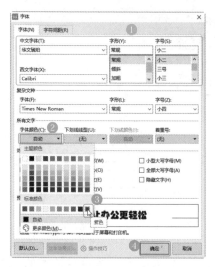

步骤 04 ❶ 保持页眉内容为选中状态，切换到"开始"选项卡，❷ 单击需要的对齐方式按钮，本例单击"居中对齐"按钮。

步骤 05 ❶ 将光标定位到页脚编辑区域，❷ 切换到"章节"选项卡，❸ 单击"页码"下拉按钮，❹ 在下拉面板中选择需要的页脚样式。

步骤 06　设置完成后，单击选项卡功能面板中的"页眉页脚"按钮，退出页眉页脚编辑状态。

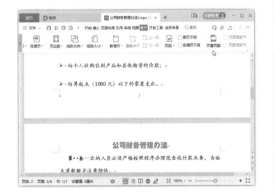

步骤 07　❶ 按照前面所学内容打开"另存文件"对话框，设置好文件的保存位置、文件名和文件类型，❷ 单击"保存"按钮保存文档。

1.2.4　设置页边距

　　文档的版心是指文档的正文部分。为了让版面看起来不那么紧凑，可以适当增加页边距，以达到控制版心大小的目的。

　　此外，为了方便保存和浏览，通常需要对多页文档进行装订。为了避免文档内容进入装订线位置，可根据需要调整装订线宽度，具体操作如下。

步骤 01　❶ 切换到"页面布局"选项卡，❷ 在"页边距"栏中分别单击"上""下""左""右"微调按钮，设置页边距，还可以在微调框中直接输入页边距大小。

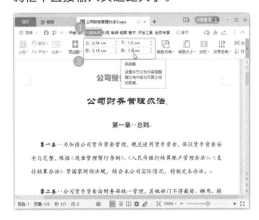

步骤 02　❶ 若要设置装订线宽度，可单击"页边距"下拉按钮，❷ 在下拉菜单中选择"自定义页边距"命令。

步骤 03　❶ 弹出"页面设置"对话框，在"页边距"栏的"装订线宽"微调框中输入合适的装订线宽度大小，❷ 单击"确定"按钮。

1.2.5 打印文档

文档编辑完成后，可以执行预览操作查看打印效果，若没有问题可执行打印操作，将电子文档打印为纸质文件。

步骤 01 ❶在程序窗口中单击"文件"下拉按钮，❷在弹出的下拉菜单中选择"文件"命令，❸在展开的子菜单中选择"打印预览"命令。

步骤 02 ❶若预览结果不需要修改，可单击

"打印机"下拉按钮，在下拉列表中选择要使用的打印机，❷单击"直接打印"按钮打印文档。

小技巧

若只需要打印整个文档中的部分页面，可在"打印预览"选项卡中单击"更多设置"按钮，在打开的"打印"对话框中设置打印范围。

本章小结

本章通过 2 个综合案例，系统地讲解了 WPS 文字的文档创建、文本内容录入、字体格式设置、段落格式设置、项目符号和编号设置，以及文档预览和打印等知识。在学习本章内容时，读者要熟练掌握文档内容的录入技巧和编辑技巧，以及字体和段落的设置技巧，其次还要掌握文档的预览和打印操作。

✎ 读书笔记

第2章

WPS 文字：办公文档的图文混排

本章导读

　　WPS 文字是一款强大的文字编辑软件，不仅可以处理文字文档，还可以在其中插入和编辑图片、形状、智能图形等元素，让文档看起来不那么枯燥，更加美观、赏心悦目。本章以制作"促销海报"和"企业组织结构图"两个文档为例，介绍在 WPS 文字中进行图文混排的操作技巧。

知识技能

本章相关案例及知识技能如下图所示。

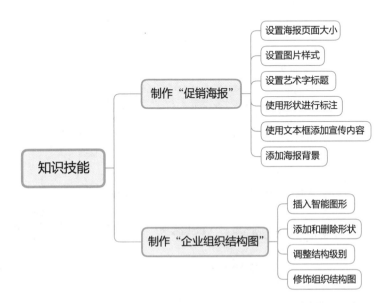

2.1 制作"促销海报"

案例说明

在编辑文档时，如果全是文字内容，难免会让人产生视觉疲劳。对于海报、宣传册等类型的文档，使用图片可以让人更直观地理解文档中的内容。将宣传内容用艺术字、文本框等形式表现出来，也比纯文本更容易吸引读者的眼球。"促销海报"文档制作完成后的效果如下图所示（结果文件参见：结果文件\第2章\促销海报.docx）。

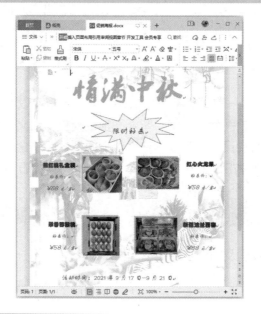

思路分析

制作促销海报时，首先要调整页面大小，接着将促销产品的图片插入文档中，调整好图片的大小、对齐方式，并设置好图片效果，然后通过艺术字、形状和文本框等手段添加并修饰宣传的文本内容，最后为海报添加图片背景，让页面更具观赏性。其具体制作思路如下图所示。

具体操作步骤及方法如下。

2.1.1 设置海报页面大小

WPS 文字默认的页面大小为 A4 纸大小，如果对默认的页面大小不满意，可进行自定义更改。制作促销海报时，用户可以将页面大小设置得稍小一些，方法如下。

步骤 01 ❶ 新建一个名为"促销海报"的文字文档，切换到"页面布局"选项卡，❷ 单击"纸张大小"下拉按钮，❸ 在弹出的下拉菜单中选择需要的选项。

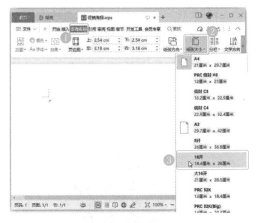

步骤 02 如果下拉菜单中没有需要的选项，可在"页面布局"选项卡中单击"页面设置"对话框按钮⌐。

步骤 03 ❶ 在弹出的"页面设置"对话框中，切换到"纸张"选项卡，❷ 在"宽度"微调框中输入需要的页面宽度值，在"高度"微调框中输入需要的页面高度值，❸ 设置完成后单击"确定"按钮。

2.1.2 设置图片样式

设置好页面大小后，就可以添加促销活动的产品图片了，设置图片样式包括设置图片的大小和位置，以及图片外观样式。

1. 添加图片

要对图片进行处理，首先需要将图片插入文档中，具体操作如下。

步骤 01 ❶ 在文档中切换到"插入"选项卡，❷ 单击"图片"按钮。

步骤 02 ❶ 弹出"插入图片"对话框，选中要插入文档中的第一张产品图片，❷ 单击"打开"按钮。

2. 设置图片大小和位置

插入图片后，为了让图片符合排版需求，通常需要对图片的大小进行调整，此时可通过裁剪和调整大小实现。此外，还可以对图片的对齐方式进行设置，将其移动到指定位置。

步骤 01 ❶ 选中插入的图片，程序默认切换到"图片工具"选项卡，❷ 单击"裁剪"按钮。

步骤 02 图片边框上将出现黑色竖线，此时将鼠标指针指向某条黑色竖线，并按住鼠标左键进行拖动，拖动到合适位置后释放鼠标左键，单击文档的任意位置，图片将显示为裁剪后的效果。

步骤 03 选中图片，将鼠标指针指向任意一个控制点，当指针变为双向箭头时按下鼠标左键并进行拖动，调整图片大小，在合适位置释放鼠标左键即可。

📢 小技巧

在"裁剪"按钮右侧的"高度"和"宽度"微调框中，直接输入需要的图片高度和宽度大小，图片可自动调整为指定的高度和宽度。

步骤 04 ❶ 保持图片为选中状态，在"图片工具"选项卡中单击"文字环绕"下拉按钮，❷ 在弹出的下拉菜单中选择一种对齐方式，本例选择"浮于文字上方"命令。

步骤 05 保持图片为选中状态，当鼠标指针变为形状时按下鼠标左键，将图片拖动到合适位置后释放鼠标左键。

3. 设置图片外观样式

将图片插入文档后，为了让图片看起来更加美观，可为其添加外观样式。以添加图片边框为例，具体操作如下。

步骤 01 ❶ 选中图片，在"图片工具"选项卡中单击"图片轮廓"下拉按钮，❷ 在弹出的下拉面板中选择"图片边框"命令，❸ 在展开的边框面板中选择需要的边框样式。

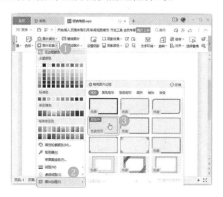

步骤 02 ❶ 保持图片为选中状态，单击"阴影效果"下拉按钮，❷ 在弹出的下拉面板中选择需要的阴影样式。

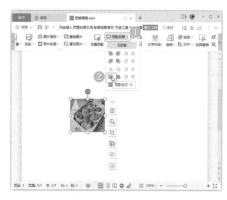

步骤 03 ❶ 保持图片为选中状态，单击"阴影颜色"下拉按钮，❷ 在弹出的下拉面板中选择需要的阴影颜色。

步骤 04 按照前面所学方法在文档中插入其他产品图片，并为其设置外观样式。

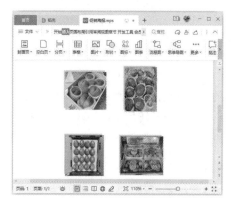

步骤 05 ❶ 如果需要调整图片的显示方向，可选中图片，在"图片工具"选项卡中单击"旋转"下拉按钮，❷ 在弹出的下拉菜单中选择需要的命令。

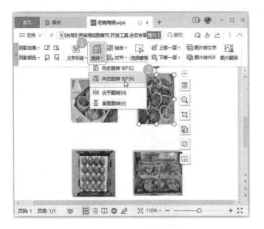

步骤 06 此时可看到调整图片方向后的效果。

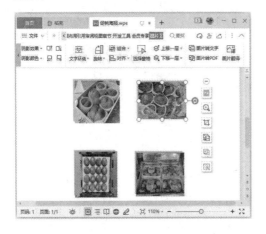

2.1.3 设置艺术字标题

在促销海报中，仅仅插入产品图片是不够的，还需要添加标题和宣传内容。为了让标题更加醒目，用户可以为文档设置艺术字标题。

1. 添加艺术字

WPS 文字内置了多种艺术字样式，添加艺术字的具体操作如下。

步骤 01 ❶ 切换到"插入"选项卡，❷ 单击"艺

术字"下拉按钮，❸ 在弹出的下拉面板的"预设样式"栏中选择一种艺术字样式。

步骤 02 此时在文档中可看到一个显示为"请在此放置您的文字"的文本框。

步骤 03 将文本框中的文字删除，输入需要的文本内容。

2. 设置艺术字字体和大小

插入艺术字后，为了让其适应版面，用户可对艺术字的字体和大小进行设置，具体操作如下。

步骤 01 ❶ 选中插入的艺术字文本，❷ 切换到"文本工具"选项卡，❸ 在"字号"文本框中输入需要的字号大小，按下 Enter 键确认。

步骤 02 ❶ 保持艺术字文本为选中状态，单击"字体"下拉按钮，❷ 在弹出的下拉列表中选择需要的字体。

3. 调整艺术字位置

在促销海报中插入艺术字标题，而不直接插入文本内容的原因在于，用户更方便调整艺术字的显示位置，具体操作如下。

步骤 01 选中艺术字框，将鼠标指针指向任意控制点，当鼠标指针变为双向箭头后按下鼠

标左键进行拖动，可调整艺术字框的大小。

步骤 02 保持艺术字框为选中状态，当鼠标指针变为 形状时按下鼠标左键进行拖动，当拖动到合适位置后释放鼠标左键。

2.1.4　使用形状进行标注

在促销海报和宣传册之类的文档中，可以通过绘制形状，并在其中添加文字的方式来标注一些重要的内容，以吸引读者的眼球。

1. 绘制形状

WPS 文字中内置了多种形状样式供用户选择，手动绘制形状的方法如下。

步骤 01 ❶ 在文档中切换到"插入"选项卡，❷ 单击"形状"下拉按钮，❸ 在弹出的下拉面板中选择需要的形状样式。

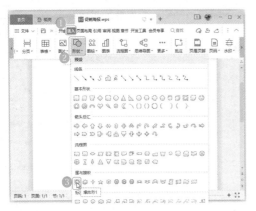

步骤 02 此时鼠标指针变为黑色十字形状 ＋，在合适的位置按下鼠标左键进行拖动，绘制所需形状，当拖动到合适大小后释放鼠标左键。

2. 添加文字

绘制好形状后，就可以在其中添加标注内容了，具体操作如下。

步骤 01 ❶ 使用鼠标右击形状，❷ 在弹出的快捷菜单中选择"添加文字"命令。

步骤 02 此时形状处于可编辑状态，在光标处输入文本内容。

步骤 03 ❶ 选中输入的文本，❷ 在"绘图工具"选项卡中设置文本的字体和字号，❸ 单击"字体颜色"下拉按钮，❹ 在弹出的下拉面板中设置字体颜色。

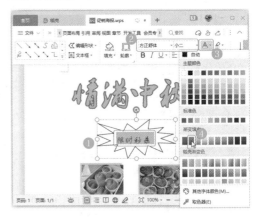

3. 设置形状颜色和轮廓

在文档中添加形状后，默认的形状轮廓为黑色、形状填充颜色为白色，为了让形状更加美观，用户可更改形状的填充颜色和轮廓样式。

步骤 01 ❶ 选中添加的形状，❷ 在"绘图工具"选项卡中单击"设置形状格式"对话框按钮。

🔔 小技巧

选中形状后，其右侧将显示三个快捷设置按钮，分别为"布局选项"按钮、"形状填充"按钮和"形状轮廓"按钮，单击不同的按钮，可展开不同的功能面板，对形状进行快速设置。

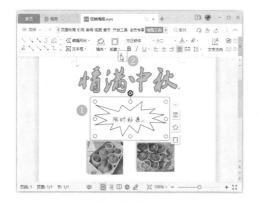

步骤 02 ❶ 弹出"设置对象格式"对话框，在"颜色与线条"选项卡的"填充"栏中可设置形状的填充颜色和透明度，❷ 在"线条"栏中可设置形状的轮廓颜色、线条样式和粗细，❸ 设置完成后单击"确定"按钮。

步骤 03 返回文档，可看到更改形状填充颜色和轮廓样式后的效果。

2.1.5 使用文本框添加宣传内容

在促销海报中，对于文字相对较多的宣传内容，可以通过文本框的方式进行添加，以方便用户随意调整宣传内容的摆放位置。

1. 添加文本框

WPS 文字提供了横向、竖向和多行文字三种方式的文本框样式。本例以设置"多行文字"文本框为例，具体操作如下。

步骤 01 ❶ 切换到"插入"选项卡，❷ 单击"文本框"下拉按钮，❸ 在弹出的下拉菜单中选择"多行文字"命令。

步骤 02 此时鼠标指针变为黑色十字形状 ＋，在合适的位置按下鼠标左键进行拖动，当绘制到合适大小后松开鼠标。

步骤 03 此时文本框处于可编辑状态，在其中输入需要的文本内容。

步骤 04 选中文本内容，在"绘图工具"选项卡中设置合适的字体、字号和字体颜色。

2. 更改文本框外观样式

默认的文本框边框为黑色，填充颜色为白色，为了避免文本框的默认外观颜色影响后续的背景设置，可将其设置为无颜色，操作如下。

步骤 01 ❶ 选中文本框，❷ 在"绘图工具"选项卡中单击"填充"下拉按钮，❸ 在弹出的下拉面板中选择"无填充颜色"命令。

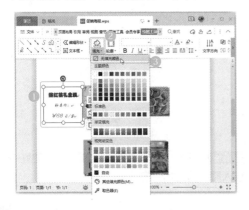

步骤 02 ❶ 保持文本框为选中状态，在"绘图工具"选项卡中单击"轮廓"下拉按钮，❷ 在弹出的下拉面板中选择"无边框颜色"命令。

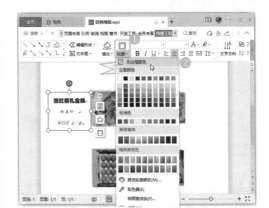

步骤 03 将设置好的文本框复制到其他图片一侧，并更改好文本内容。

3. 添加促销时间

促销活动往往有时间限制，添加完成促销产品和宣传内容后，还需要添加促销时间。用户可以通过添加文本框的方式实现。

步骤 01 ❶ 切换到"插入"选项卡，❷ 单击"文本框"下拉按钮，❸ 在弹出的下拉菜单中选择"横向"命令。

🔔 **小提示**

如果只需要在文本框中显示一行文字，可根据排版需要选择"横向"或"竖向"命令设置文字的排列方向。

图工具"选项卡中设置文本的字体、字号和字体颜色。

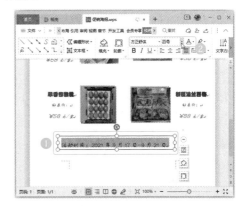

步骤 02 此时鼠标指针变为黑色十字形状十，在合适的位置按下鼠标左键进行拖动，绘制文本框，当绘制到合适大小后释放鼠标左键。

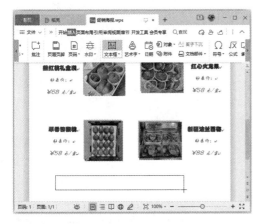

步骤 05 ❶ 选中文本框，❷ 在"绘图工具"选项卡中单击"填充"下拉按钮，❸ 在弹出的下拉面板中选择"无填充颜色"命令。

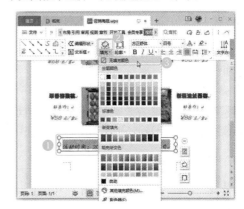

步骤 03 在文本框中输入促销时间。

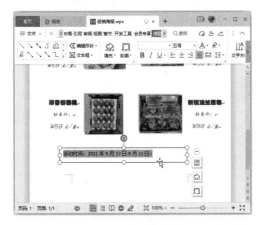

步骤 06 ❶ 保持文本框为选中状态，在"绘图工具"选项卡中单击"轮廓"下拉按钮，❷ 在弹出的下拉面板中选择"无边框颜色"命令。

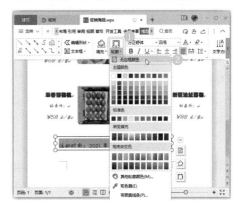

步骤 04 ❶ 选中文本框中的内容，❷ 在"绘

2.1.6 添加海报背景

WPS默认的文档背景颜色为白色，为了让海报更加赏心悦目，用户可为海报添加背景图片，具体操作如下。

步骤 01 ❶ 切换到"页面布局"选项卡，❷ 单击"背景"下拉按钮，❸ 在弹出的下拉面板中选择"图片背景"命令。

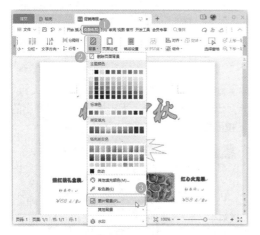

步骤 02 弹出"填充效果"对话框，程序默认切换到"图片"选项卡，单击"选择图片"按钮。

步骤 03 ❶ 弹出"选择图片"对话框，选中要设置为海报背景的图片文件，❷ 单击"打开"按钮。

步骤 04 在返回的"填充效果"对话框中单击"确定"按钮。

步骤 05 在返回的文档中可看到添加背景图片后的效果，按照前面所学方法将文档保存为".docx"格式。

2.2 制作"企业组织结构图"

案例说明

所谓组织结构，是指企业内部按职能划分为若干部门，各部门独立性较小，由企业高层直接管理，即企业集中控制和统一指挥的管理模式。这种模式既能保证高层集中统一指挥，又能发挥专业管理职能的长处。"企业组织结构图"文档制作完成后的效果如下图所示（结果文件参见：结果文件\第 2 章\企业组织结构图 1.docx）。

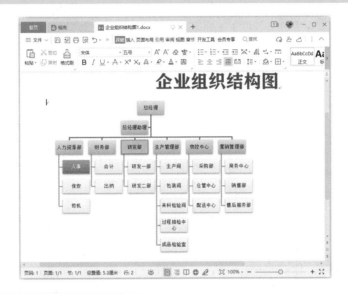

思路分析

行政人员在制作企业组织结构图时，首先需要确定文档的保存类型，接着选择要插入的图形样式，然后根据需要添加或删除层次结构中的项目，并通过升级或降级调整图形的结构级别，最后通过更改主题样式或者自定义外观样式对组织结构图进行美化修饰。其具体制作思路如下图所示。

具体操作步骤及方法如下。

2.2.1 插入智能图形

创建智能图形时，首先需要确定图形的类型和布局。为了显示企业内部各部门之间的逻辑关系，对于企业组织结构图，通常采用"层次结构"的样式进行展示，具体操作如下。

步骤 01 ❶ 打开"素材文件＼第 2 章＼企业组织结构图.docx"文档，将光标定位在需要插入智能图形的位置，❷ 切换到"插入"选项卡，❸ 单击"智能图形"按钮。

小提示

在文档中插入智能图形时，如果使用".wps"类型的文档，在美化文档时可能会受到限制，因此用户在创建文档时可直接将文档格式保存为".docx"类型。

步骤 02 ❶ 打开"智能图形"对话框，切换到"层次结构"选项卡，❷ 选择需要的图形样式。

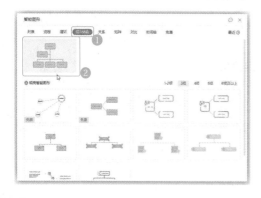

步骤 03 在返回的文档中可看到插入的智能图形样式。

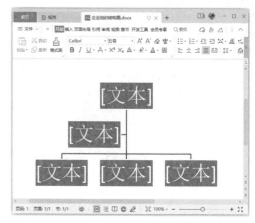

步骤 04 将鼠标指针定位在智能图形的各项目中，输入需要的文本内容。

2.2.2 添加和删除项目

程序内置的结构样式如果不满足用户的需求，可以通过添加和删除项目来调整层次结构。

1. 添加项目

程序内置的图形样式往往只有两级或三级，每级的项目也不多，如果需要增加同级或者下级层次结构，可为其添加项目。

步骤 01 ❶ 选中需要添加项目的位置，❷ 在"设计"选项卡中单击"添加项目"下拉按钮，❸ 在弹出的下拉菜单中选择"在下方添加项目"命令。

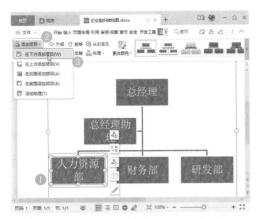

步骤 02 此时在所选形状下方将显示插入的下一级项目，在其中输入需要的文本内容。

步骤 03 ① 若要添加同级项目，可选中要插入项目的位置，② 在"设计"选项卡中单击"添加项目"下拉按钮，③ 在弹出的下拉菜单中选择"在后面添加项目"命令。

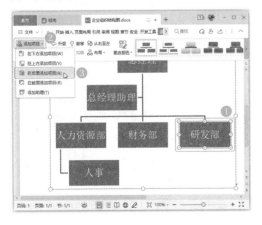

步骤 04 此时所选形状右侧将显示插入的同级项目，在其中输入需要的内容。

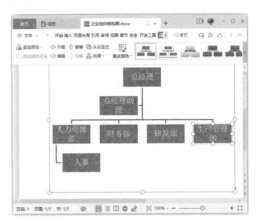

步骤 05 按照前面的操作方法继续为智能图形添加其他需要的同级和下一级项目。

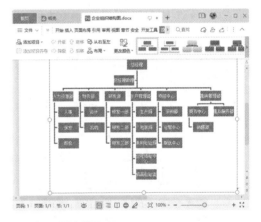

2. 删除项目

如果不小心插入了多余的项目，可将其删除，方法为：① 选中要删除的项目，右击，② 在弹出的快捷菜单中选择"删除"命令。

🔔 **小技巧**

选中要删除的项目后，按下 Delete 键或 Back Space 键，可快速删除该项目。

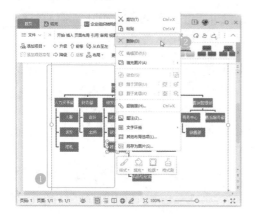

2.2.3 调整结构级别

如果需要调整已设置的某个项目的级别，可以通过升级或者降级功能实现。以升级"销售部"项目为例，操作如下。

步骤 01 ❶ 选中"销售部"项目，❷ 切换到"设计"选项卡，❸ 单击"升级"按钮。

步骤 02 文档中可看到升级后的效果。

2.2.4 修饰组织结构图

系统默认的智能图形颜色为蓝底白字，为了让智能图形更加美观，用户可以根据需要更改其主题样式，或者单独设置智能图形中某个项目的样式。

1. 更改主题样式

如果用户不喜欢 WPS 文字默认的蓝底白字样式，可直接套用内置的其他主题样式。

步骤 01 ❶ 打开"素材文件 \ 第 2 章 \ 企业组织结构图 1.docx"，选中插入的智能图形，❷ 切换到"设计"选项卡，❸ 单击"更改颜色"下拉按钮，❹ 在下拉面板中选择喜欢的颜色。

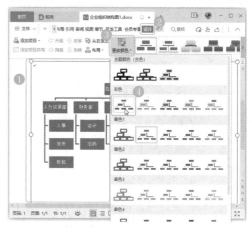

步骤 02 保持智能图形为选中状态，在"设计"选项卡的样式库中选择一种样式。

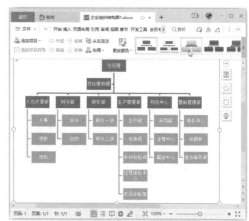

2. 自定义外观样式

套用主题样式是更改智能图形中的所有项目样式，用户还可以根据需要对某个项目进行单独设置。

步骤 01 ❶ 选中要更改的项目，❷ 切换到"格式"选项卡，❸ 单击"样式库"下拉按钮，在下拉面板中选择需要的样式。

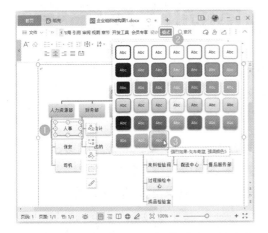

步骤 02 ❶ 若要自定义项目的轮廓和填充颜色，可选中该项目，❷ 在"格式"选项卡中单击"填充"下拉按钮，❸ 在下拉面板中选择需要的填充颜色。

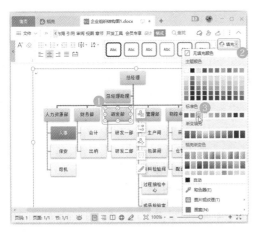

步骤 03 ❶ 保持项目为选中状态，在"格式"选项卡中单击"轮廓"下拉按钮，❷ 在下拉面板中选择需要的轮廓颜色。

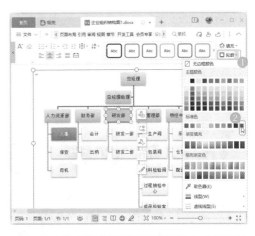

步骤 04 在文档中可看到设置后的企业组织结构图效果。

本章小结

本章通过 2 个综合案例，系统地讲解了 WPS 文字中图片的插入和编辑、艺术字的插入和编辑、形状的绘制和美化、文本框的插入和编辑，以及智能图形的编辑和修饰方法，并介绍了页面大小和页面背景的设置方法。在学习本章内容时，读者要熟练掌握图形的插入和编排技巧，其次需要掌握页面大小设置和背景设置的方法。

第3章

WPS 文字：表格的创建与编辑

本章导读

使用表格可以将复杂的多列信息简明概要地表达出来，而通过图表可以让用户更快、更清楚地了解表格中的数据变化。本章以制作"个人简历表"和"季度销售报表"两个文档为例，介绍在 WPS 文字中编辑表格和图表的操作技巧。

知识技能

本章相关案例及知识技能如下图所示。

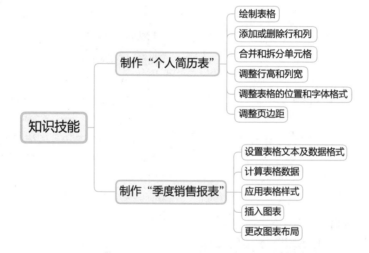

3.1 制作"个人简历表"

案例说明

　　个人简历表是公司行政人事部常用的一种办公文档，用来记录应聘者的基本信息，包括姓名、性别、生日、身份证号、教育情况、工作经验等。"个人简历表"文档制作完成后的效果如下图所示（结果文件参见：结果文件 \ 第 3 章 \ 个人简历表 2.wps）。

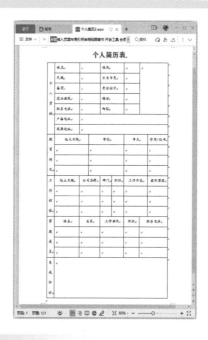

思路分析

　　公司行政人员在制作个人简历表时，首先需要在文档中插入或者绘制一个表格，接着根据内容需要创建行或列，以及拆分和合并单元格，然后根据页面调整表格中的行高和列宽，设置完成后，再对表格的位置和表格中的字体格式进行设置。若有必要，还需要调整页边距，以便完整地显示整个表格。其具体制作思路如下图所示。

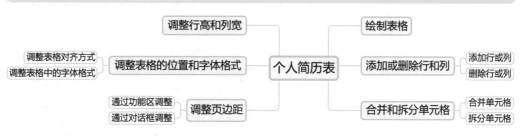

　　具体操作步骤及方法如下。

3.1.1 绘制表格

在 WPS 文档中用表格记录信息，可以让文档看起来更加整洁，一目了然。插入表格的方式很多，可通过虚拟表格快速创建，或直接插入具体的表格行列数，还可手动绘制。以手动绘制表格为例，操作如下。

步骤 01 ❶打开"素材文件\第 3 章\个人简历 .wps"，切换到"插入"选项卡，❷单击"表格"下拉按钮，❸在下拉面板中选择"绘制表格"命令。

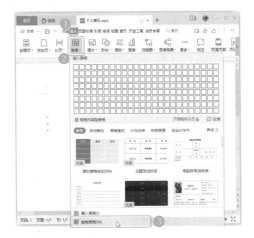

步骤 02 此时光标将变为铅笔形状，在合适的位置按下鼠标左键不放进行拖动，在光标经过的地方会出现表格的虚框，当绘制出需要的表格行列数后，释放鼠标左键。

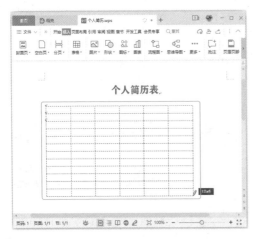

步骤 03 绘制完成后，单击表格外任意位置，退出绘制状态。

🔔 小提示

如果绘制有误，单击"表格工具"选项卡中的"擦除"按钮，当光标变为橡皮擦形状⌀时，在需要擦除的线上单击或拖动鼠标，即可将其擦除。

步骤 04 在表格的单元格中输入需要的文本内容。

🔔 小提示

在"表格"下拉面板中，通过虚拟表格功能只能绘制 24 列 8 行以内的表格，若超出此规格，则需要选择"插入表格"命令，在弹出的对话框中设置具体的行列值。

3.1.2　添加或删除行和列

插入表格后，用户若发现已有的行列数无法满足需求，可以根据需要添加或者删除行或列。以添加和删除行为例，具体操作如下。

步骤 01　❶ 将光标定位在需要在其上方或下方添加行的单元格中，❷ 在"表格工具"选项卡中单击需要的操作按钮，本例单击"在下方插入行"按钮。

步骤 02　❶ 若要删除行，可将光标定位在要删除的行中，或者选中该行，❷ 单击"删除"下拉按钮，❸ 在弹出的下拉菜单中选择"行"命令。

小技巧

使用鼠标选中多行，右击，在弹出的快捷菜单中选择"删除行"命令，可以一次性删除多行。

步骤 03　根据需要完成表格中行的添加和删除。

3.1.3　合并和拆分单元格

为了排版需要，用户可能会遇到需要将多个单元格合并为一个单元格，或者将一个单元格拆分为两个或者多个单元格的情况，具体操作如下。

步骤 01　❶ 选中要合并的多个单元格，❷ 在"表格工具"选项卡中单击"合并单元格"按钮。

步骤 02　❶ 按照上一步操作方法继续合并其他需要的单元格，若需要拆分单元格，可选中要拆分的单元格，❷ 在"表格工具"选项卡中单击"拆分单元格"按钮。

步骤 03 ❶ 弹出"拆分单元格"对话框，在其中输入拆分后的列数和行数，❷ 单击"确定"按钮。

步骤 04 在单元格中输入需要的文本。

3.1.4 调整行高和列宽

默认情况下，表格会根据单元格中的内容自动调整行高和列宽，但实际应用中，每个单元格中的内容长短不一，此时用户可手动调整单元格的行高和列宽。

步骤 01 打开"素材文件\第3章\个人简历1.wps"，将鼠标指针指向表格右下角，将显示一个双向箭头按钮，此时按下鼠标左键。

步骤 02 鼠标指针变为黑色十字形状＋时，拖动到合适的位置后释放鼠标左键，可调整整个表格的大小。

步骤 03 若要调整右侧边框到页边的距离，可将光标移动到右侧边框线上，当指针变为箭头形状↔时，按下鼠标左键向右拖动，当拖动到合适位置后释放鼠标左键即可。

步骤 04 若要单独调整某个单元格的行高和列宽，可将鼠标指针指向该单元格的左下角，此时鼠标指针变为黑色箭头形状◢，单击选中该单元格。

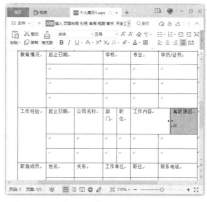

步骤 06 若需要一次性调整多个单元格的行高或列宽，可选中要调整的多个单元格，将鼠标指针指向边框线，按下鼠标左键进行拖动调整。

步骤 07 按照前面的操作方法调整其他单元格的行高和列宽。

步骤 05 将鼠标指针指向要调整的边框线，按下鼠标左键进行拖动，可调整此单元格的行高或列宽。

🔔 **小技巧**

选中单元格或行列，或者将鼠标指针定位在单元格中以后，切换到"表格工具"选项卡，在"高度"和"宽度"微调框中输入具体的值，可快速调整其行高和列宽。

3.1.5 调整表格的位置和字体格式

在文档中插入表格时，表格和其中的文本字体都默认以左对齐方式进行排列，如果需要调整表格的位置，以及更改默认的表格字体，可手动进行设置。

1. 调整表格对齐方式

如果希望表格在页面居中显示，可调整表格的对齐方式，具体操作如下。

步骤 01 打开"素材文件\第3章\个人简历2.wps"，将鼠标指针指向表格左上角，当指针变为 ⊹ 形状时按下鼠标左键，选中整个表格。

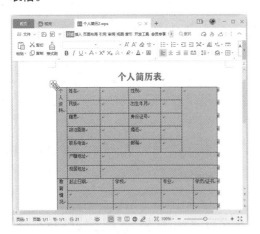

步骤 02 在"开始"选项卡中，单击"居中对齐"按钮，可使表格居中于页面。

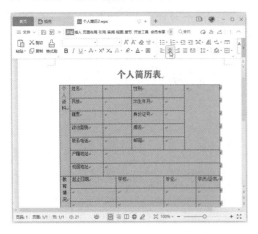

2. 调整表格中的字体格式

默认情况下，表格中的文本字体为黑色的五号宋体格式，如果默认的字体不满足用户需求，可更改字体格式。

步骤 01 ❶ 选中整个表格，❷ 在"开始"选项卡中单击"字体"对话框按钮。

步骤 02 ❶ 弹出"字体"对话框，单击"中文字体"下拉按钮，为表格中的文本选择字体样式，❷ 在"字号"列表框中选择需要的字号，❸ 单击"确定"按钮。

步骤 03 ❶ 若要将某个单元格中的文本以水平居中的方式显示于表格中，可选中该单元格，❷ 切换到"表格工具"选项卡，❸ 单击"对

齐方式"下拉按钮，④ 在下拉菜单中选择"水平居中"命令。

步骤 04 ① 若要将水平居中于表格的格式应用于其他单元格，可选中该单元格，② 在"开始"选项卡中双击"格式刷"按钮。

步骤 05 此时鼠标指针变为刷子形状，单击其他单元格，可应用格式，设置完成后按下 Esc 键退出格式刷状态，完成设置。

3.1.6 调整页边距

表格设置完成后，若只有一两行的位置显示在第二页，可通过调整页边距的方式将表格内容显示于一页中。

1. 通过功能区调整

在文档中切换到"页面布局"选项卡，在"页边距"按钮右侧可看到"上""下""左""右"4个微调框，单击微调按钮，或者在其中直接输入数值，均可快速调整表格到页边的距离。

2. 通过对话框调整

此外，用户还可以通过"页面设置"对话框来调整表格到页边的距离，方法如下。

步骤 01 ① 切换到"页面布局"选项卡，② 单击"页面设置"对话框按钮。

步骤 02 ❶ 弹出"页面设置"对话框，在"页边距"选项卡中单击"上"和"下"微调按钮，调整表格到页面上边和下边的距离，❷ 设置完成后单击"确定"按钮。

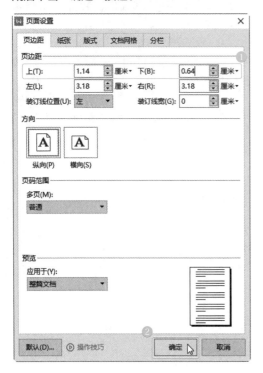

步骤 03 设置完成后，在返回的文档中可看到调整页边距后的表格效果。

3.2 制作"季度销售报表"

案例说明

当需要在报告类文字文稿中插入表格或图表来作为参考依据时，可以在 WPS 文字文档中插入表格并进行简单的计算，还可以在文档中插入图表，从而更直观地看到数据的变化情况。"季度销售报表"文档制作完成后的效果如下图所示（结果文件参见：结果文件 \ 第 3 章 \ 季度销售报表 1.wps）。

思路分析

公司销售人员在制作季度销售报表时，首先需要插入表格，录入相关数据并设置好数据格式，接着使用公式简单地计算利润总额和各项合计金额，再通过内置样式库设置表格样式，然后插入图表，并根据需要更改图表的布局。其具体制作思路如下图所示。

具体操作步骤及方法如下。

3.2.1 设置表格文本及数据格式

制作季度销售报表时，默认的文本和数据格式可能无法满足用户需求，用户可以根据实际情况设置表格中的文本及数据格式。

1. 插入表格

要制作季度销售报表，首先需要在文档中插入表格，因为表格中的标题分为行标题和列标题，因此用户可以在左上角的单元格中绘制斜线表头进行区分，操作如下。

步骤 01 ❶打开"素材文件\第 3 章\季度销售报表 .wps"，将光标定位在要插入表格的位置后，切换到"插入"选项卡，❷单击"表格"下拉按钮，在下拉面板的虚拟表格区域选择合适的行列数并单击。

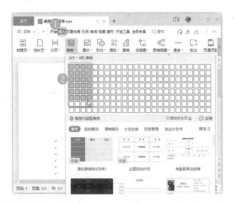

步骤 02 ❶此时光标处将看到插入的表格，选中整个表格，❷在"表格工具"选项卡的"高度"和"宽度"微调框中输入合适的值，表格将自动调整行高和列宽。

步骤 03 ❶将光标定位在要插入斜线表头的单元格中，❷切换到"表格样式"选项卡，❸单击"绘制斜线表头"按钮。

步骤 04 ❶弹出"斜线单元格类型"对话框，选择要添加的斜线类型选项，❷单击"确定"按钮。

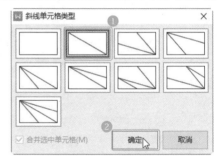

步骤 05 返回文档，在表格中输入行标题和列标题内容。

2. 设置表格中的数据格式

表格中默认的字体格式和正文的默认格式是一样的，用户可以根据需要更改表格中的文本和数据的对齐方式，以及字体和大小。

步骤 01 ❶ 选中整个表格，在"表格工具"选项卡中单击"对齐方式"下拉按钮，❷ 在下拉菜单中选择需要的对齐方式。

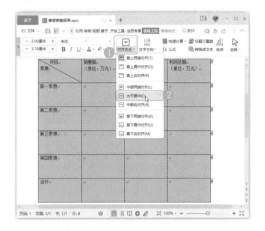

步骤 02 ❶ 选中标题行、标题列和合计行，在"表格工具"选项卡中单击"字体"下拉按钮，❷ 在下拉列表中选择需要的字体。

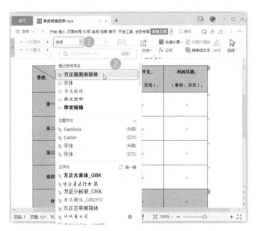

步骤 03 ❶ 保持标题行、标题列和合计行为选中状态，在"表格工具"选项卡中单击"字号"下拉按钮，❷ 在下拉列表中选择需要的字号。

步骤 04 ❶ 选中数据列，在"表格工具"选项卡中单击"字体"下拉按钮，❷ 在下拉列表中选择需要的字体。

步骤 05 ❶ 保持数据列为选中状态，在"表格工具"选项卡中单击"字号"下拉按钮，❷ 在下拉列表中选择需要的字号。

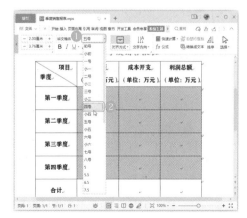

步骤 06 在表格的"销售额"和"成本开支"列中输入各季度的数据。

3.2.2 计算表格数据

在 WPS 文字表格中，用户可以进行简单的数据计算，可以手动输入公式，也可以用内置公式进行快速计算，操作如下。

步骤 01 ① 将光标定位在要显示计算结果的某个单元格中，② 切换到"表格工具"选项卡，③ 单击" fx 公式"按钮。

步骤 02 ① 弹出"公式"对话框，在"公式"文本框中输入公式，② 单击"确定"按钮。

步骤 03 按照前面的操作方法，继续计算其他季度的利润总额。

步骤 04 ① 选中要求和的多个单元格，② 在"表格工具"选项卡中单击"快速计算"下拉按钮，③ 在下拉菜单中选择"求和"命令。

步骤 05 按照上一步操作方法继续统计其他列的和。

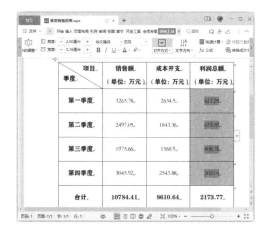

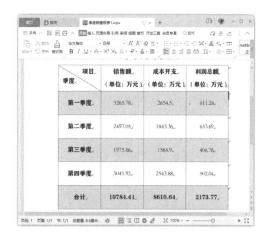

3.2.3　应用表格样式

默认的表格样式为黑色边框，为了让表格更加美观，用户可以套用内置的表格样式对表格进行美化，操作如下。

步骤 01 ❶ 打开"素材文件 \ 第 3 章 \ 季度销售报表 1.wps"，选中整个表格后切换到"表格样式"选项卡，❷ 单击主题样式库下拉按钮，❸ 在弹出的下拉面板中选择需要的主题样式。

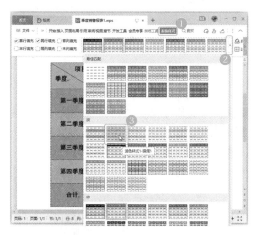

步骤 02 在返回的文档中，即可看到应用主题样式后的表格效果。

3.2.4　插入图表

以图表的形式显示表格中的数据，可以让读者一目了然地看到数据的变化，快速掌握相关信息。

1. 插入图表

图表为 WPS 表格中的功能，若要在 WPS 文字中创建图表，实际将会打开 WPS 表格进行编辑，方法如下。

步骤 01 ❶ 将光标定位在需要插入图表的位置，❷ 切换到"插入"选项卡，❸ 单击"图表"按钮。

步骤 02 此时将打开 WPS 表格编辑区，其中将显示默认的图表样式及数据。

2. 选择数据源

图表中默认显示的数据可能不符合用户的实际需求，在日常工作中，通常需要重新选择或者更改数据源，方法如下。

步骤 01 在打开的 WPS 表格中，将 WPS 文字文档的表格数据复制到其中，或者手动输入数据。

步骤 02 WPS 表格中可以快速输入公式并计算，例如选中 E3 单元格，输入"="，接着选中 C3 单元格，输入"-"后，选中 D3 单元格。

步骤 03 按下 Enter 键可得到计算结果，将鼠标指针指向单元格右下角，当指针变为黑色十字 ＋ 形状时按下鼠标左键进行拖动，将公式复制到其他单元格中。

步骤 04 ❶ 选中要求和的某个单元格，❷ 在"开始"选项卡中单击"求和"按钮，确认要求和的数据区域是否正确。

步骤 05 按下 Enter 键可得到计算结果，按照前面的操作方法将公式复制到其他单元格。

步骤 06 ❶ 选中图表，右击，❷ 在弹出的快捷菜单中选择"选择数据"命令。

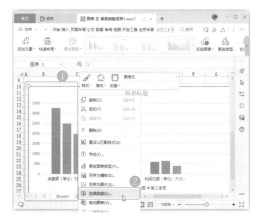

步骤 07 弹出"编辑数据源"对话框，单击折叠按钮。

步骤 08 ❶ 此时可看到"编辑数据源"对话框收起，仅显示参数框，使用鼠标选择表格中的数据源，❷ 选择完成后再次单击折叠按钮。

步骤 09 返回"编辑数据源"对话框，单击"确定"按钮。

步骤 10 在返回的 WPS 表格窗口中可看到更改数据源后的效果，单击快速访问工具栏中的"保存"按钮，或者按下"Ctrl+S"组合键进行保存操作。

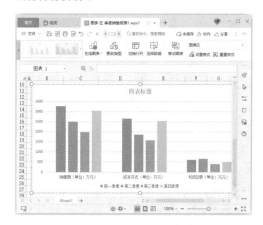

步骤 11 关闭 WPS 表格窗口，在返回的 WPS 文字文档中可看到图表效果。

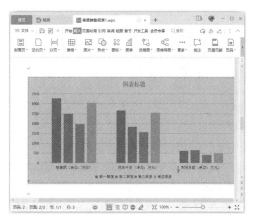

3.2.5 更改图表布局

在 WPS 文字文档中插入图表时，默认的图表元素通常有图表标题、坐标轴等，如果默认的布局样式无法满足需求，用户可以根据需要更改图表布局。

1. 交换坐标轴数据

图表默认将行标题显示于横向坐标轴，列标题显示为图例项，如果需要切换行和列的数据显示，操作如下。

步骤 01 ❶ 选中 WPS 表格中的图表，❷ 在"图表工具"选项卡中单击"切换行列"按钮。

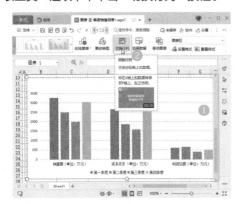

步骤 02 此时可看到切换行数据和列数据后的图表效果。

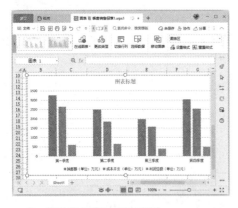

2. 更改数据列的图表类型

在 WPS 文字文档中插入图表时，默认的图表类型为柱形图，如果需要将默认的柱形图更换为其他图表类型，或者将图表中的某一列数据更改为不一样的图表类型，可以手动进行操作。

本例将图表中的"利润总额"列更改为折线图，具体操作如下。

步骤 01 ❶ 在 WPS 表格的图表中，选中"利润总额"列数据，❷ 单击"更改类型"按钮。

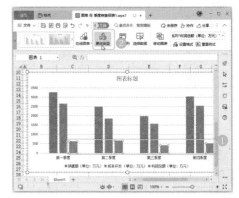

步骤 02 ❶ 弹出"更改图表类型"对话框，单击系列名"利润总额"右侧的"图表类型"下拉列表框，选择"折线图"选项，❷ 单击"插入预设图表"按钮。

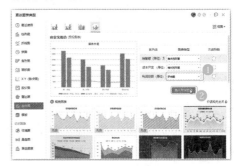

步骤 03 返回 WPS 表格窗口，可看到更改"利润总额"数据列图表类型后的效果。

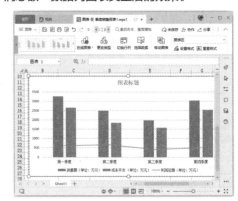

3. 更改图表标题

在文档中插入图表时，默认显示"图表标题"字样，若要更改为需要的标题文字，方法如下。

步骤 01 在 WPS 表格窗口中，选中图表中的"图表标题"，将光标定位在其中。

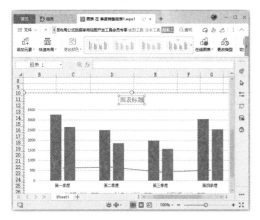

步骤 02 删除默认文字，输入需要的图表标题内容。

4. 添加数据标签

默认情况下，图表中不会显示具体的数据值，用户只能根据坐标轴来判断数据值的范围，若需要将数据值显示在图表中，可添加数据标

签，具体操作如下。

步骤 01 ❶ 选中图表，❷ 在"图表工具"选项卡中单击"添加元素"下拉按钮，❸ 在下拉菜单中选择"数据标签"命令，❹ 在展开的子菜单中选择数据标签的显示位置。

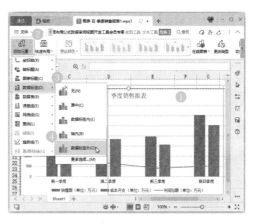

步骤 02 在 WPS 表格窗口中可看到添加数据标签后的效果，单击快速访问工具栏中的"保存"按钮。

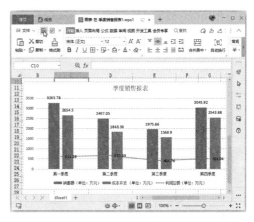

步骤 03 ❶ 关闭 WPS 表格窗口，在返回的 WPS 文字文档中可看到插入的图表效果，若觉得图表的大小不合适，可选中图表，❷ 单击

功能区中的"高度"和"宽度"微调按钮，调整图表大小。

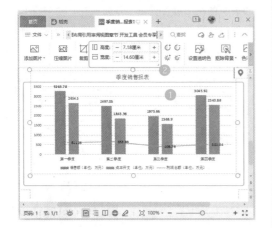

本章小结

本章通过 2 个综合案例，系统地讲解了 WPS 文字中创建表格、添加或删除行和列、合并和拆分单元格、调整行高和列宽、计算表格数据、应用表格样式等知识，以及在 WPS 文字中通过 WPS 表格插入图表和更改图表布局的操作。在学习本章内容时，读者要熟练掌握 WPS 文字中表格的编辑技巧，其次还需要掌握图表的应用。

✎ 读书笔记

第4章

WPS 文字：高级功能的应用

本章导读

　　WPS 文字的功能非常强大，不仅能进行简单的文本处理，对于长篇文档也能快速编排。在 WPS 文字中，用户可以利用样式和模板功能，使文档中的某些特定组成部分具有统一的设置，从而快速地对长篇文档进行排版，大大节省操作时间。此外，还可以使用控件功能限制用户能编辑的文档窗体部分，制作单选、多选及填空等具有特殊格式的文档。本章以制作"公司管理章程""营销策划书"和"调查问卷表"三个文档为例，介绍在 WPS 中进行高级编排的操作技巧。

知识技能

本章相关案例及知识技能如下图所示。

4.1 制作"公司管理章程"

案例说明

扫一扫，看视频

为了规范公司的运营及管理，企业通常会制定一系列的措施和办法，行政人员将这些办法和措施归集到一起形成一套管理章程，以方便查阅。管理办法通常不止一个，而办法中的条例通常也包含很多条，因此需要规范各个标题的格式。还可以为管理章程添加封面页和目录页，既方便查阅，看起来也更加美观，"公司管理章程"文档制作完成后的效果如下图所示（结果文件参见：结果文件\第4章\公司管理章程2.wps）。

思路分析

公司行政人员在制作公司管理章程时，首先要为文档添加封面页，文档正文部分包含标题、条例和项目符号等多种内容，用户可应用样式库中的样式，也可手动修改样式库中的样式后加以应用，最后要为文档添加目录页，以便快速查阅。其具体制作思路如下图所示。

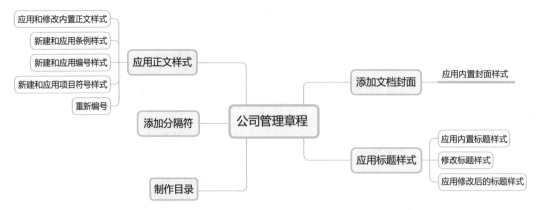

具体操作步骤及方法如下。

4.1.1　添加文档封面

公司管理章程通常由多个内部管理办法组成，为了让文档更加美观，用户可以为其添加一个封面，方法如下。

步骤 01 ❶ 打开"素材文件\第 4 章\公司管理章程 .wps"文档，将光标定位在需要插入智能图形的位置，❷ 切换到"插入"选项卡，❸ 单击"封面页"下拉按钮。

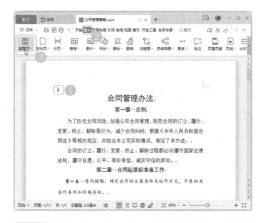

步骤 02 在弹出的下拉面板中选择需要的封面样式。

步骤 03 在封面页中输入需要的文本内容，并将多余的文本删除。

步骤 04 ❶ 如果对默认的字体格式不满意，可以手动更改，先将要更改的文本框中的字体选中，❷ 在"文本工具"选项卡中根据需要设置字体、字号和字体颜色。

步骤 05 设置完成后按下 Ctrl+S 组合键，保存文档。

4.1.2 应用标题样式

章程一般由多个管理办法构成，可将各管理办法的名称设置为最高级标题，若其中还分多个章节，还可以设置下一个标题样式。在WPS中不仅可以应用内置的标题样式，还可以根据需要对内置标题样式进行修改。

1. 应用内置标题样式

WPS的样式库中内置了多种标题样式，设置有不同的字体、字号、字体颜色及对齐方式等，方便用户快速应用。应用内置标题样式的操作如下。

步骤 01 ❶ 选中第一个管理办法的名称，❷ 在"开始"选项卡的样式库中单击"标题1"样式。

步骤 02 此时可以在文档中看到应用"标题1"样式后的效果。

步骤 03 按照前面的操作方法继续应用下一个标题样式。

2. 修改标题样式

若对内置的标题样式不满意，还可以手动更改，方法如下。

步骤 01 ❶ 选中设置为"标题1"样式的文本，❷ 在"开始"选项卡的样式库中右击"标题1"样式，❸ 在弹出的快捷菜单中选择"修改样式"命令。

步骤 02 弹出"修改样式"对话框，在"格式"栏中设置需要的字体、字号和对齐方式等字体格式。

步骤 `03` ❶ 若要更改段落格式，可单击"格式"按钮，❷ 在弹出的菜单中选择"段落"命令。

步骤 `04` ❶ 弹出"段落"对话框，根据需要设置段前和段后间距，以及段落间的行距，❷ 设置完成后单击"确定"按钮。

步骤 `05` 返回"修改样式"对话框，单击"确定"按钮。

步骤 `06` 按照前面的操作方法修改"标题 2"样式。

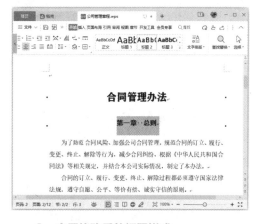

3. 应用修改后的标题样式

修改标题样式后，可以使用格式刷快速将样式应用到其他需要的段落中，方法如下。

步骤 `01` 选中应用了标题样式的某个段落，在"开始"选项卡中单击"格式刷"按钮。

🔔 **小提示**

　　由于本例是基于样式库中的样式进行修改的，除了使用格式刷功能将修改后的样式复制到其他段落外，还可以选中要应用格式的段落，然后单击样式库中的标题样式直接应用。

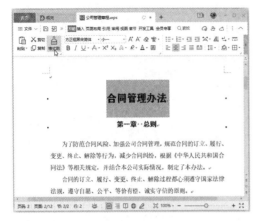

步骤 02 此时鼠标指针将变为刷子形状，将鼠标指针指向要应用样式的段落，然后单击即可将样式应用到所选位置。

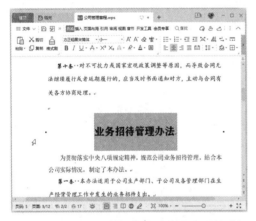

步骤 03 按照前面的操作方法将更改后的"标题1"和"标题2"样式应用到其他需要的段落中。

4.1.3 应用正文样式

除了标题样式外，内置样式库中还提供了正文样式供用户选择。一般来说，办法或制度类文档的正文样式有多种，除了常见的正文，还有条例、编号、项目符号等。

1. 应用和修改内置正文样式

默认的内置正文样式为宋体、五号字，对齐方式为两端对齐。用户可直接应用内置正文样式，也可根据需要修改内置正文样式，方法如下。

步骤 01 ❶ 选中要应用内置正文样式的段落，❷ 在"开始"选项卡的样式库中单击"正文"样式。

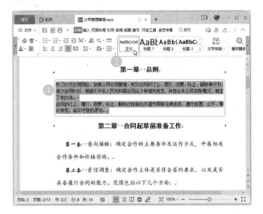

步骤 02 ❶ 若对内置正文样式不满意，可右击样式库中的"正文"样式，❷ 在弹出的快捷菜单中选择"修改样式"命令。

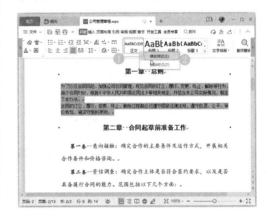

步骤 03 弹出"修改样式"对话框，根据需要设置正文的字体、字号和对齐方式。

步骤 04 ❶ 若要更改内置正文样式的段落格式，可单击"格式"按钮，❷ 在弹出的菜单中选择"段落"命令。

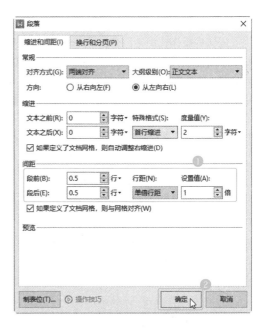

步骤 05 ❶ 弹出"段落"对话框，根据需要设置段前、段后间距和行距，❷ 设置完成后单击"确定"按钮。

步骤 06 返回"修改样式"对话框，单击"确定"按钮。

📣 小技巧

　　在段落中设置格式后，如果不满意，需要重新设置，逐个的撤销操作非常麻烦，此时可选中文本，单击样式库下拉按钮，在下拉菜单中选择"清除格式"命令。

2. 新建和应用条例样式

如果内置样式库中没有合适的样式，用户还可以根据需要新建样式。以设置"条例"样式为例，操作方法如下。

步骤 01 ❶ 在"开始"选项卡中单击样式库右侧的"预设样式"下拉按钮，❷ 在弹出的下拉面板中选择"新建样式"命令。

步骤 02 ❶ 弹出"新建样式"对话框，在"名称"文本框中输入样式名称，❷ 在"格式"栏中设置新建样式的字体格式。

步骤 03 ❶ 单击"格式"按钮，❷ 在弹出的菜单中选择"段落"命令。

步骤 04 ❶ 弹出"段落"对话框，在其中根据需要设置段前、段后间距和行距，❷ 设置完成后单击"确定"按钮。

步骤 05 ❶ 返回"新建样式"对话框，单击"格式"按钮，❷ 在弹出的菜单中选择"编号"命令。

步骤 06 ❶ 弹出"项目符号和编号"对话框，切换到"自定义列表"选项卡，❷ 在左侧的"自定义列表"列表框中选择需要的样式，❸ 若要更改内置样式，可单击"自定义"按钮。

步骤 07 ❶ 弹出"自定义多级编号列表"对话框，根据需要设置编号格式、编号位置和文字位置，❷ 设置完成后单击"确定"按钮。

步骤 08 返回"新建样式"对话框，单击"确定"按钮。

步骤 09 ❶ 选中要应用新建样式的段落，❷ 单击样式库下拉按钮，在弹出的下拉面板中选择刚才新建的样式。

3. 新建和应用编号样式

管理办法等制度类文档中经常会遇到编号样式，除了通过"开始"选项卡中的"编号"按钮直接插入编号外，还可以手动新建编号样式，方法如下。

步骤 01 在"开始"选项卡中单击样式库下拉按钮，在弹出的下拉面板中选择"新建样式"命令。

步骤 02 ❶ 弹出"新建样式"对话框，在"名称"文本框中输入样式名称"编号"，❷ 在"格式"栏中设置新建样式的字体格式。

步骤 03 ❶ 单击"格式"按钮，❷ 在弹出的菜单中选择"编号"命令。

步骤 04 ❶ 弹出"项目符号和编号"对话框，切换到"编号"选项卡，❷ 在下方选择需要的编号样式，❸ 单击"自定义"按钮。

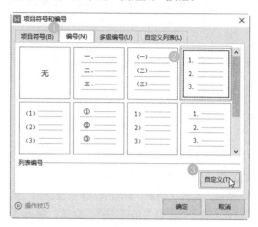

步骤 05 弹出"自定义编号列表"对话框，若需要修改编号的字体格式，单击"字体"按钮。

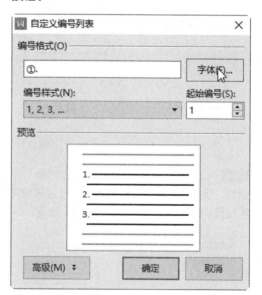

步骤 06 ❶ 弹出"字体"对话框，根据需要设置中文字体和字号，❷ 单击"确定"按钮。

步骤 07 返回"自定义编号列表"对话框，单击"确定"按钮。

步骤 08 ❶ 返回"新建样式"对话框，单击"格式"按钮，❷ 在弹出的菜单中选择"段落"命令。

步骤 09 ❶ 弹出"段落"对话框，根据需要设置缩进和间距，❷ 单击"确定"按钮。

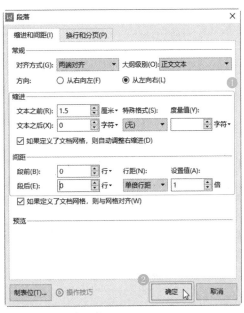

步骤 10 返回"新建样式"对话框，单击"确定"按钮。

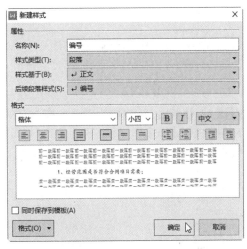

步骤 11 按照前面所学方法应用新建的编号样式，可看到其效果。

4. 新建和应用项目符号样式

除了编号外，项目符号样式也是制度类文档中常见的正文样式之一，新建和应用项目符号样式的方法如下。

步骤 01 在"开始"选项卡中单击样式库下拉按钮，在弹出的下拉面板中选择"新建样式"命令。

步骤 02 ❶ 弹出"新建样式"对话框，在"名称"文本框中输入样式名称"项目符号"，❷ 在"格式"栏中设置新建样式的字体、字号和对齐方式等。

步骤 03 ❶ 单击"格式"按钮，❷ 在弹出的菜单中选择"编号"命令。

步骤 04 ❶ 弹出"项目符号和编号"对话框，切换到"项目符号"选项卡，❷ 在下方选择需要的项目符号样式，❸ 单击"确定"按钮。

步骤 05 ❶ 返回"新建样式"对话框，单击"格式"按钮，❷ 在弹出的菜单中选择"段落"命令。

步骤 06 ❶ 弹出"段落"对话框，根据需要设置缩进和间距，❷ 单击"确定"按钮。

步骤 07 返回"新建样式"对话框，单击"确定"按钮。

步骤 09 按照前面所学方法，使用格式刷功能将新样式的格式复制到其他段落中。

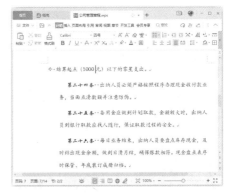

5. 重新编号

通常情况下，复制编号格式后，编号会自动根据上一个段落中的编号值继续编号。如果希望不同的文档都以起始编号值开始进行编号，可通过重新编号功能实现，方法如下。

步骤 01 ❶ 右击需要重新排列的编号，❷ 在弹出的快捷菜单中选择"重新开始编号"命令。

步骤 08 ❶ 选中要应用项目符号样式的段落，❷ 在"开始"选项卡中单击样式库下拉按钮，在弹出的下拉面板中选择"项目符号"样式。

步骤 02 按照上一步操作方法继续为文档中的其他条例和编号重新进行编号。

4.1.4　添加分隔符

在排版中我们会发现，有可能会遇到新的管理办法接着上一个管理办法的末尾自动显示的情况，为了让文档看起来更加严谨，可以在每个管理办法的末尾处添加一个分隔符，使下一个管理办法自动显示在新的一页，方法如下。

步骤 01 ❶ 打开"素材文件＼第 4 章＼公司管理章程 1.wps"文档，将光标定位在需要插入分隔符的位置，❷ 切换到"插入"选项卡，❸ 单击"分页"下拉按钮，❹ 在弹出的下拉菜单中选择"分页符"命令。

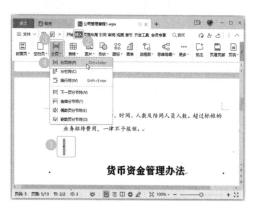

步骤 02 此时即可在文档中看到插入分页符后

的效果，按照上一步操作方法为文档中的其他管理办法添加分页符。

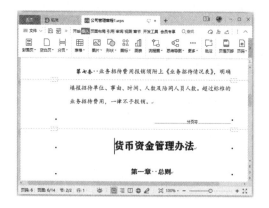

4.1.5　制作目录

公司的管理章程通常由多个管理办法组成，每个管理办法又包含多条内容，从而导致用户查找具体的每项内容时非常麻烦，此时可以为文档制作一个目录，这样可以帮助用户快速定位需要查找的内容所在的页码范围，方法如下。

步骤 01 ❶ 打开"素材文件＼第 4 章＼公司管理章程 2.wps"文档，将光标定位在需要插入目录的位置，❷ 切换到"引用"选项卡，❸ 单击"目录"下拉按钮。

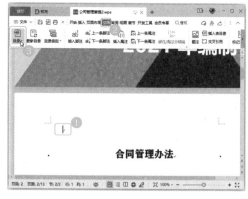

步骤 02 在弹出的下拉菜单中选择需要的目录样式。

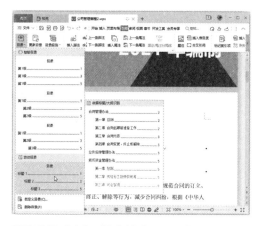 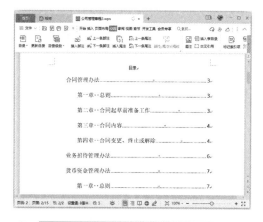

步骤 03 在返回的文档中可看到插入目录的效果。

 小提示

在文档内置的目录样式中，默认显示了标题内容、前导符和页码，如果需要更改标题内容和页码之间的前导符样式，或者不希望显示页码，可自定义目录样式。

4.2 制作"营销策划书"

案例说明

营销策划书是公司销售部门常用的一种办公文档，通过不断地策划销售任务和活动，才能让公司一直处于积极的状态，有利于产品的销售和公司的不断发展壮大。营销策划书通常包含活动的时间、内容和目的等。"营销策划书"文档制作完成后的效果如下图所示（结果文件参见：结果文件\第 4 章\营销策划书 .wpt）。

思路分析

　　销售人员在制作营销策划书时，可以先套用系统模板，输入文本内容后，根据需要修改模板样式，接着插入目录内容，并通过添加分页符区分目录页和正文页，设置完成后添加封面页，让文档看起来更加正式。其具体制作思路如下图所示。

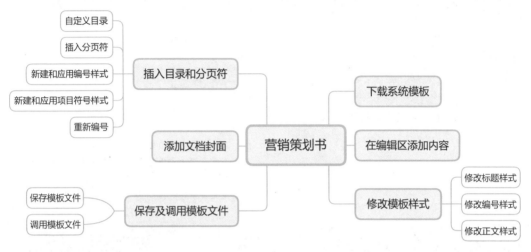

　　具体操作步骤及方法如下。

4.2.1 下载系统模板

　　WPS 文字中内置了多种模板，通过套用模板可节约用户逐个设置样式的时间，操作方法如下。

步骤 01 启动 WPS，单击标题栏中的 ＋ 按钮。

步骤 02 ① 在"新建"窗口的文档类型选择区选择"文字"类型，② 在"模板资源"区中单击"限时免费"超链接。

步骤 03 在打开的免费模板资源区单击需要的模板。

步骤 04 在打开的窗口中单击"免费下载"按钮。

4.2.2 在编辑区添加内容

加载模板文件后，将不需要的文本删除，添加需要的内容，操作如下。

步骤 01 在文档中可以看到插入模板后的效果。

步骤 02 将不需要的文本删除，输入需要的文本内容。

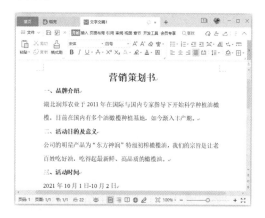

4.2.3 修改模板样式

用户如果对模板中的样式效果不满意，还可以手动更改。

1. 修改标题样式

用户如果对模板中的标题样式不满意，可以直接应用内置的标题样式，也可手动修改标题样式，操作如下。

步骤 01 ❶ 选中标题文本，❷ 在"开始"选项卡的样式库中单击需要的标题样式。

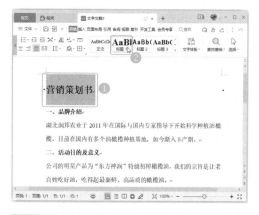

步骤 02 ❶ 如果需要修改应用的标题样式，可右击样式库中的标题样式，❷ 在弹出的快捷菜单中选择"修改样式"命令。

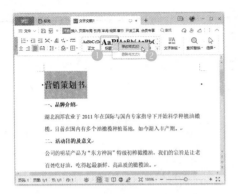

步骤 03 ❶ 弹出"修改样式"对话框，设置需要的字体格式和对齐方式，❷ 设置完成后单击"确定"按钮。

2. 修改编号样式

在策划书中，有关活动的所有内容都是以编号的方式进行讲解的，同样，用户可以保留模板的样式，也可以手动更改，操作如下。

步骤 01 ❶ 选中第一个编号文本，❷ 在"开始"选项卡的样式库中单击需要的样式。

步骤 02 ❶ 若需要更改样式，可右击样式库中的样式，❷ 在弹出的快捷菜单中选择"修改样式"命令。

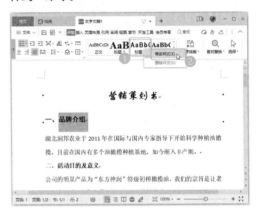

步骤 03 ❶ 弹出"修改样式"对话框，设置需要的字体格式和对齐方式，❷ 设置完成后单击"确定"按钮。

3. 修改正文样式

正文样式也是如此，用户可保持模板中的正文格式，也可手动更改正文的字体和段落格式，操作如下。

步骤 01 ❶ 选中某个正文段落，❷ 右击样式库中的"正文"样式，❸ 在弹出的快捷菜单中选择"修改样式"命令。

步骤 02 弹出"修改样式"对话框，设置好字体、字号和对齐方式等格式。

步骤 03 ❶ 单击"格式"按钮，❷ 在弹出的菜单中选择"段落"命令。

步骤 04 ❶ 弹出"段落"对话框，在"缩进"栏中设置段落的缩进方式，❷ 在"间距"栏中设置段落的段前、段后行距，❸ 设置完成后单击"确定"按钮。

步骤 05 返回"修改样式"对话框，单击"确定"按钮。

步骤 06 使用格式刷功能将设置的样式应用到其他段落。

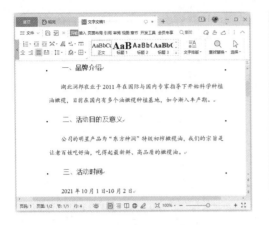

4.2.4 插入目录和分页符

为了让文档看起来更加规范，用户可以为策划书添加目录，并用分页符将其与正文分隔开，单独作为目录页。

1. 自定义目录

文档中提供了多种内置的目录样式供用户选择。用户还可以根据自己的喜好自定义目录的前导符样式和显示内容，具体操作如下。

步骤 01 ① 将光标定位在需要插入目录的位置，② 切换到"引用"选项卡，③ 单击"目录"下拉按钮。

步骤 02 在展开的下拉菜单中选择"自定义目录"命令。

步骤 03 ① 弹出"目录"对话框，单击"制表符前导符"下拉列表框，选择需要的前导符样式，② 单击"显示级别"微调按钮，调整目录的显示级别，③ 设置完成后单击"确定"按钮。

2. 插入分页符

由于文档的标题项目不多，为了让目录和正文区分开，可以在目录后面添加一个分页符，具体操作如下。

步骤 01 ① 将光标定位在需要插入分页符的位置，② 切换到"插入"选项卡，③ 单击"分页"下拉按钮，④ 在弹出的下拉菜单中选择"分页符"命令。

步骤 02 此时即可在文档中看到正文内容排列到下一页中的效果。

4.2.5 添加文档封面

为营销策划书添加一个封面页，可以让文档看起来更加正式，具体操作如下。

步骤 01 ❶ 将光标定位到目录的最前方，在"插入"选项卡中单击"封面页"下拉按钮，❷ 在下拉面板中单击需要的封面样式。

步骤 02 在返回的文档中可看到插入的封面页效果。

步骤 03 将不需要的文本框删除，输入需要的文本内容。

4.2.6 保存及调用模板文件

营销策划书制作完成后，可以保存为模板文件，方便以后需要时直接调用。

1. 保存模板文件

WPS 文字的模板文件为"*.wpt"格式，将文件保存为模板文件，可以方便以后调用。保存模板文件的操作如下。

步骤 01 ❶ 单击程序窗口中的"文件"下拉按钮，❷ 在展开的下拉菜单中选择"文件"命令，❸ 在展开的子菜单中选择"另存为"命令。

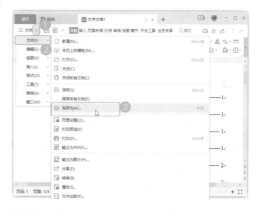

步骤 02 ❶ 弹出"另存文件"对话框，设置好文件的保存位置，❷ 单击"文件类型"下拉列表框，选择"WPS 文字模板文件（*.wpt）"选项，❸ 在"文件名"文本框中输

入文件名称，④ 设置完成后单击"保存"按钮。

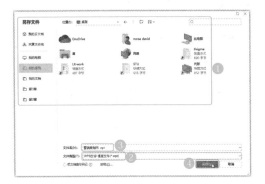

2. 调用模板文件

WPS 文字默认只有几种内置的模板文件。用户保存了模板后，可以直接调用，操作如下。

步骤 01 ❶ 单击程序窗口中的"文件"下拉按钮，❷ 在展开的下拉菜单中选择"文件"命令，❸ 在展开的子菜单中选择"本机上的模板"命令。

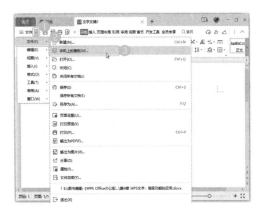

步骤 02 ❶ 弹出"模板"对话框，选中刚才

设置的模板文件，❷ 在"新建"栏中选择要创建的文件类型，❸ 单击"确定"按钮。

小技巧

若对话框中没有需要的模板文件，可单击"导入模板"按钮，在弹出的"导入模板"对话框中选择模板，再单击"打开"按钮导入模板。

步骤 03 在返回的文档中即可看到调用的模板文件效果。

4.3 制作"调查问卷表"

案例说明

问卷调查是一种以问题方式征集用户信息的形式，首先需要明确调查的主题，并围绕主题设计主办方想要了解和调查的诸多问题，而被调查者则通过选择选项或者填写文字的方式来完成调查问卷表。"调查问卷表"文档制作完成后的效果如下图所示（结果文件参见：结果文件\第 4 章\调查问卷表 .dotm）。

思路分析

　　在制作调查问卷表时，问题的文本内容可以在 WPS 文字中手动输入，而问题的选项和回答则需要用到控件功能，其中单选项用选项按钮控件，多选项用复选框控件，需要征求意见的则用文本框控件。添加控件时，需要更改控件的显示内容，并调整控件的大小和位置。其具体制作思路如下图所示。

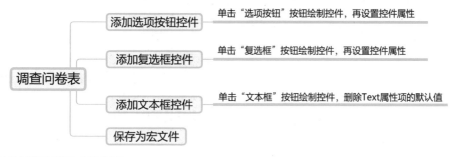

具体操作步骤及方法如下。

4.3.1 添加选项按钮控件

单项选择题是调查问卷表中常见的题型之一，需要用户在提供的多个备选答案中选择一个最符合自身情况的答案，此时可通过添加单选按钮控件实现，操作方法如下。

步骤 01 ❶打开"素材文件\第4章\调查问卷表.wps"文档，将光标定位在需要插入控件的位置，❷切换到"开发工具"选项卡，❸单击"选项按钮"按钮。

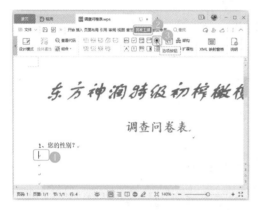

步骤 02 此时鼠标指针变为黑色十字形状，按下鼠标左键进行拖动，绘制到合适大小后释放鼠标左键。

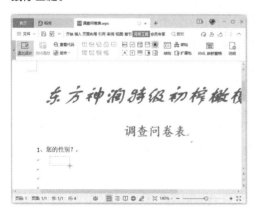

步骤 03 ❶选中绘制的选项按钮控件，❷在"开发工具"选项卡中单击"控件属性"按钮。

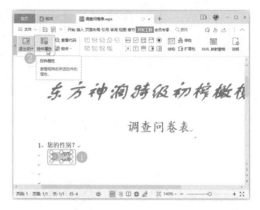

步骤 04 弹出"属性"对话框，可看到控件各项属性的默认值。

步骤 05 ❶单击 Caption 属性项右侧的默认值，此时该值处于可编辑状态，删除默认值，输入需要显示的文本内容，❷单击"关闭"按钮关闭"属性"对话框。

步骤 06 在返回的文档中可看到更改控件属性的效果。

步骤 07 ❶ 选中插入的控件，❷ 切换到"页面布局"选项卡，❸ 单击"文字环绕"下拉按钮，❹ 在弹出的下拉菜单中选择控件在文档中的环绕方式。

步骤 08 在返回的文档中可看到设置环绕方式后的控件效果。

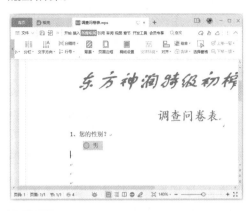

步骤 09 按照前面的操作方法继续添加选项按钮控件，若要调整控件的大小，可选中该控件，当鼠标指针变为双向箭头时，按下鼠标左键进行拖动，在合适的大小和位置释放鼠标左键。

步骤 10 按照前面的操作方法继续添加其他选项按钮控件，并将控件属性更改为需要的内容。

小提示

　　属性是指对象的特性，一个控件包含了多个属性，而不同的控件具有不同的属性，当属性值不同时，控件的外观或功能也会不一样。

4.3.2　添加复选框控件

　　在进行问卷调查时，经常会遇到需要用户对同一个问题选择多个答案的情况，此时需要用到复选框控件。添加复选框控件的操作方法如下。

步骤 `01` ❶ 切换到"开发工具"选项卡，❷ 单击"复选框"按钮。

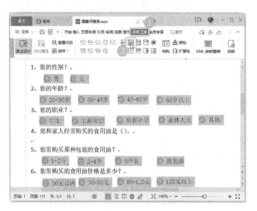

步骤 `02` 此时鼠标指针变为黑色十字形状，按下鼠标左键进行拖动，绘制到合适大小后释放鼠标左键。

步骤 `03` ❶ 选中绘制的复选框控件，❷ 在"开发工具"选项卡中单击"控件属性"按钮。

步骤 `04` 弹出"属性"对话框，可看到控件各项属性的默认值。

步骤 `05` ❶ 单击 Caption 属性项右侧的默认值，此时该值处于可编辑状态，删除默认值，输入需要显示的文本内容，❷ 单击"关闭"按钮关闭"属性"对话框。

步骤 06 ❶ 选中插入的控件，❷ 切换到"页面布局"选项卡，❸ 单击"文字环绕"下拉按钮，❹ 在弹出的下拉菜单中选择控件在文档中的环绕方式。

小技巧

在 WPS 文字中，基于页面内置了多种对齐方式供用户选择，可先选中要排列的控件，然后在"页面布局"选项卡中单击"对齐"下拉按钮，再在弹出的下拉菜单中选择需要的对齐方式。

步骤 07 按照前面的操作方法继续添加其他复选框控件，并将控件属性更改为需要的内容。

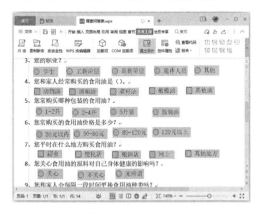

步骤 08 ❶ 当绘制控件时，难免会出现高度不一致的情况，此时可选中文档中的所有单选按钮和复选框控件，❷ 切换到"绘图工具"选项卡，❸ 单击"对齐"下拉按钮，❹ 在弹出的下拉菜单中选择"等高"命令。

步骤 09 返回文档，可看到调整后的效果。

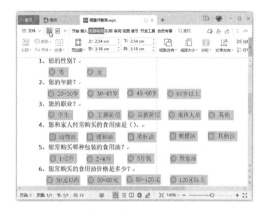

4.3.3 添加文本框控件

在进行问卷调查时，如果需要让调查对象填写内容，可以通过添加文本框控件实现，操作方法如下。

步骤 01 ❶ 切换到"开发工具"选项卡，❷ 单击"文本框"按钮。

步骤 02 此时鼠标指针变为黑色十字形状，按下鼠标左键进行拖动，绘制到合适大小后释放鼠标左键。

步骤 03 ❶ 选中绘制的文本框控件，❷ 在"开发工具"选项卡中单击"控件属性"按钮。

步骤 04 弹出"属性"对话框，可看到控件各项属性的默认值。

步骤 05 ❶ 单击 Text 属性项右侧的默认值，此时该值处于可编辑状态，直接删除默认值，❷ 单击"关闭"按钮关闭"属性"对话框。

步骤 06 在返回的文档中可看到文本框中默认显示的文本被删除了。

4.3.4 保存为宏文件

调查问卷表制作完成后，需要将其保存为宏文件格式，才能在文档中进行选择，保存方法如下。

步骤 01 ❶ 单击程序窗口中的"文件"下拉按钮，❷ 在展开的下拉菜单中选择"文件"命令，❸ 在展开的子菜单中选择"另存为"命令。

步骤 02 ● 弹出"另存文件"对话框，设置好文件的保存位置，❷ 单击"文件类型"下拉列表框，选择"Microsoft Word 带宏的模板文件 (*.dotm)"选项，❸ 在"文件名"文本框中输入文件名称，❹ 设置完成后单击"保存"按钮。

本章小结

本章通过 3 个综合案例，系统地讲解了 WPS 文字中样式的应用和修改，模板的应用、修改和保存，以及控件的使用等知识。在学习本章内容时，读者要熟练掌握样式、模板和控件的操作方法和使用技巧。

✎ 读书笔记

第章

WPS 表格：电子表格的编辑与数据计算

本章导读

　　WPS 表格是一款功能强大的电子表格软件，不仅具有表格编辑功能，还可以在表格中进行公式计算。本章以制作"员工档案表"和"员工工资条"两个文档为例，介绍在 WPS 表格中录入和编辑数据、编辑和美化单元格，以及使用公式和函数的操作方法和技巧。

知识技能

本章相关案例及知识技能如下图所示。

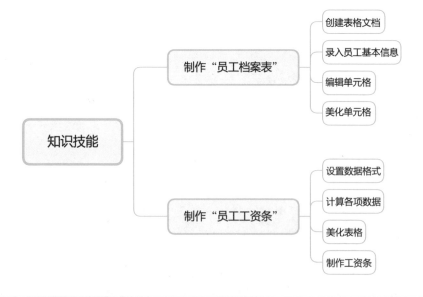

5.1 制作"员工档案表"

案例说明

　　员工档案表是公司行政人事部常用的一种表格文档，包含员工的多项个人基本信息，如编号、姓名、性别及身份证号等。因为表格文档能存储的数据信息更多，处理也更便捷，因此在制作员工档案表时常用表格文档，而非文字文档。"员工档案表"文档制作完成后的效果如下图所示（结果文件参见：结果文件\第 5 章\员工档案表3.et）。

扫一扫，看视频

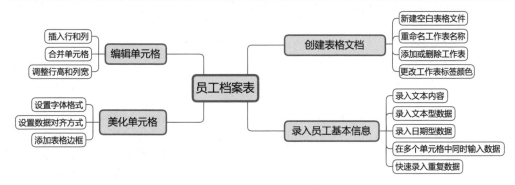

思路分析

　　公司行政人员在制作员工档案表时，首先要创建表格文档，并在文档中设置好工作表的名称，然后开始录入数据，根据数据类型的不同，录入时需要选择相应的录入方法，最后还需要对工作表进行调整和美化，从而让文档看起来更加美观。其具体制作思路如下图所示。

具体操作步骤及方法如下。

5.1.1 创建表格文档

在日常办公应用中，经常会遇到大量数据需要保存和处理的情况，此时用表格文档处理比文字文档更加得心应手。

1. 新建空白表格文档

表格文档的创建步骤是，新建一个空白工作簿，选择恰当的文件保存位置，并设置好文件保存类型和工作簿名称，然后进行保存即可，方法如下。

步骤〔01〕 启动 WPS，单击标题栏中的＋按钮。

步骤〔02〕 ❶ 在"新建"窗口的文档类型选择区选择"表格"类型，❷ 单击"新建空白表格"超链接。

步骤〔03〕 在打开的工作簿窗口中，单击快速访问工具栏中的"保存"按钮 🖫。

步骤〔04〕 ❶ 弹出"另存文件"对话框，设置好文档的保存位置，❷ 单击"文件类型"下拉列表框，选择"WPS 表格文件（*.et）"选项，❸ 在"文件名"文本框中输入要保存的文档名称，❹ 单击"保存"按钮。

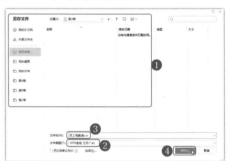

步骤〔05〕 返回保存成功的表格文档，可看到文档名称已发生了更改。

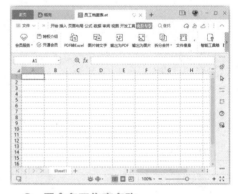

2. 重命名工作表名称

表格文档被称为"工作簿"，一个工作簿中可以包含多张工作表，为了对工作表加以区分，可以对其进行重命名，操作如下。

步骤〔01〕 ❶ 右击工作表名称，❷ 选择快捷菜单中的"重命名"命令。

步骤 `02` 此时工作表名称处于可编辑状态，输入新的工作表名称，完成后单击工作簿任意位置即可退出编辑状态。

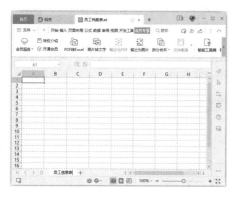

3. 添加或删除工作表

在 WPS 表格文档中，一个工作簿默认只包含一个工作表。用户可以根据实际情况添加或删除工作表，方法如下。

步骤 `01` 在表格文档中，单击工作表标签右侧的"新建工作表"按钮＋。

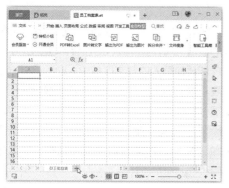

步骤 `02` 在原工作表右侧将看到新建的空白工作表。

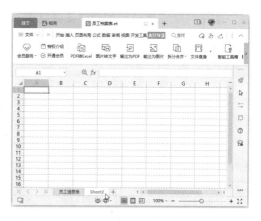

步骤 `03` ❶ 右击要删除的工作表标签，❷ 在快捷菜单中选择"删除工作表"命令，可将该工作表删除。

🔔 小提示

如果工作表中原本包含数据，执行删除操作时将弹出提示对话框，提示用户该工作表中可能存在数据，让用户确认是否要永久删除，此时单击"确定"按钮可直接删除工作表，单击"取消"按钮将取消删除工作表操作。

4. 更改工作表标签颜色

当工作簿中的工作表太多时，不便于用户进行查找，此时可通过更改工作表标签颜色的方式来标记常用的工作表，操作方法如下。

步骤 01 ❶ 右击要更改颜色的工作表标签，❷ 在快捷菜单中选择"工作表标签颜色"命令，❸ 在展开的面板中选择需要的颜色。

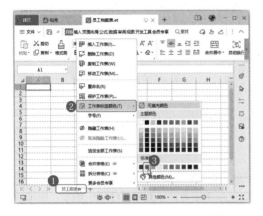

步骤 02 在返回的文档中可看到工作表标签的颜色更改成功。

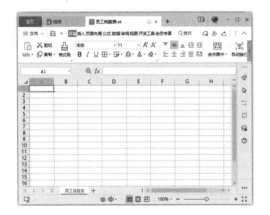

5.1.2 录入员工基本信息

表格文档创建完成后，就可以在其中输入内容了。

1. 录入文本内容

文本内容是表格文档中常见的信息，不需要设置数据格式，直接录入即可。

步骤 01 将光标定位在表格文档左上角的第一个单元格中，输入需要的文字。

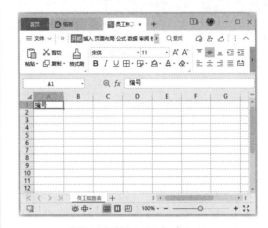

🔔 小提示

WPS 表格文档中默认的数据格式为常规的文本格式，若需要输入文本内容，直接在单元格中录入信息即可。

步骤 02 按照上一步操作方法继续输入其他需要的文本内容。

2. 录入文本型数据

在表格文档中录入数据时，默认显示为常规的数值格式，例如输入007，会自动显示为7。

若要使录入的数字保持输入时的格式，则需要将数值转换为文本，此时可通过单引号"'"实现，方法如下。

步骤 01 将光标定位在需要输入文本型数据的单元格中，切换到英文输入状态，输入单引号"'"。

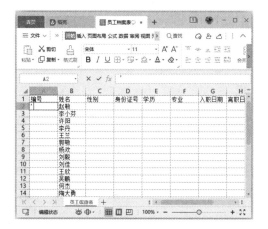

步骤 02 在英文单引号后面输入员工的编号。

步骤 03 编号是顺序递增的，此时可利用"填充序列"功能快速输入编号，选中第一个编号所在的单元格，将鼠标指针指向单元格右下角，此时鼠标指针变为黑色十字形状**✛**。

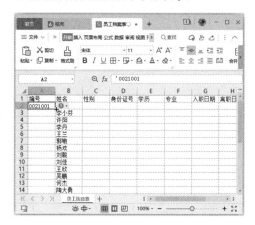

步骤 04 按住鼠标左键不放，向下拖动到目标位置后释放鼠标左键，即可快速完成序列填充。

步骤 05 在"身份证号"列录入员工的身份证号码。

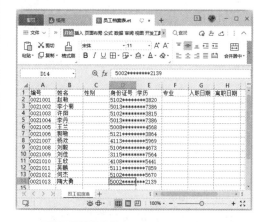

🔔 小提示

WPS 表格文档优化了数字编号录入功能，在"身份证号"列，录入员工的身份证号码后，文档默认以常规的数值格式显示，不会自动转换为科学计数形式。

3. 录入日期型数据

在日常工作中处理表格文档时，经常会遇到需要输入日期的情况，WPS 表格中内置了多种日期样式，为了保证正确的日期格式，可以事先设置单元格的数据类型，然后再录入日期，操作方法如下。

步骤 01 ❶ 选中要录入日期型数据的单元格，❷ 在"开始"选项卡中单击"单元格格式"对话框按钮 ⌐ 。

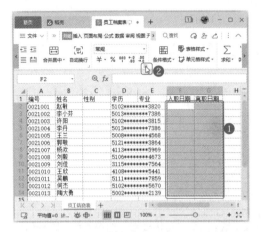

步骤 02 ❶ 弹出"单元格格式"对话框，在"数字"选项卡的"分类"列表框中选择"日期"选项，❷ 在"类型"列表框中选择日期数据的类型，❸ 单击"确定"按钮。

步骤 03 在返回的表格文档中输入日期型数据。

4. 在多个单元格中同时输入数据

在文档编辑过程中，经常会遇到需要在多个单元格中录入相同信息的情况，此时可通过下面的方法快速实现。

步骤 01 在表格文档中选中需要录入相同信息的多个单元格。

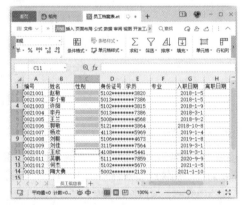

步骤 02 在最后一个选择的单元格中录入信息，本例输入"女"。

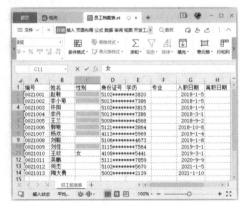

步骤 03 按下 Ctrl+Enter 组合键，选中的多个单元格中将自动填充上刚才输入的数据"女"。

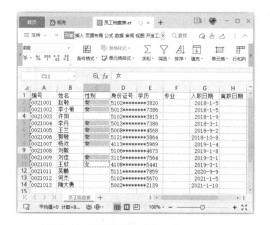

　　选中第一个单元格后，按下 Ctrl 键不放，单击其他需要同时录入的单元格，选择完成后释放 Ctrl 键，即可同时选中多个单元格。

步骤 04 按照上面的操作方法继续录入其他数据。

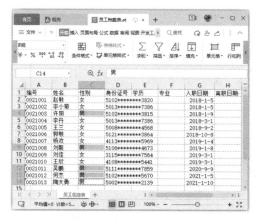

5. 快速录入重复数据

　　当编辑表格文档时，经常会遇到需要在同列中录入重复文本型数据的情况，此时使用推荐输入列表功能可以大大提高录入效率，具体操作如下。

步骤 01 在"专业"列下方的第一个单元格中输入"景观设计"。

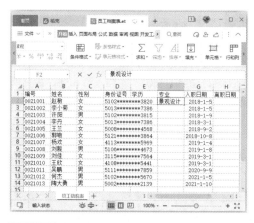

步骤 02 在下方的单元格中输入"景"字，单元格后面将自动出现"观设计"几个字，此时按下 Enter 键即可完成该单元格的录入操作。

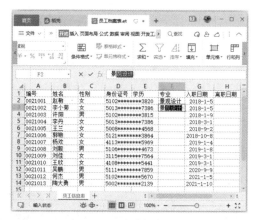

步骤 03 按照上面的操作方法，完成"专业"列和"学历"列的录入操作。

5.1.3 编辑单元格

在表格文档中录入数据后，可能需要对单元格进行适当的编辑，如插入行和列、合并单元格、调整行高和列宽等。

1. 插入行和列

在文档编辑过程中，如果发现有遗漏项，可通过插入行或列的方式来实现数据的新增，具体操作如下。

步骤 01 ❶ 打开"素材文件\第5章\员工档案表1.et"文档，若要在某列左侧插入一个新列，可右击要插入的列，❷ 在快捷菜单中选择"插入"命令。

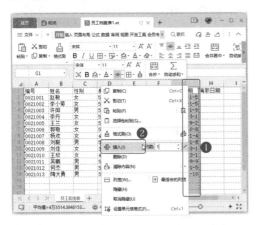

步骤 02 此时选中数据列左侧即会新建一空白数据列。

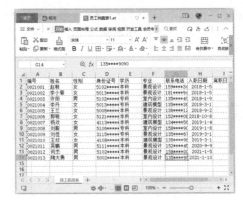

步骤 03 在新建列中输入需要的内容。

步骤 04 ❶ 若要在某行上方插入一个新行，可右击要插入的行，❷ 在快捷菜单中选择"插入"命令。

🔔 小提示

在弹出的快捷菜单中，"插入"命令右侧有个"行数"微调框，在其中输入要插入的行数，再选择"插入"命令，可直接插入指定的多行。

步骤 05 此时选中数据行上方即会新建一空白数据行，在其中输入需要的内容。

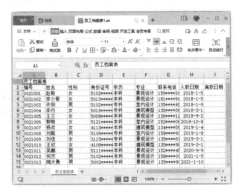

小技巧

若要删除行或列，可选中要删除的行或列，右击，在弹出的快捷菜单中选择"删除"命令。

2. 合并单元格

当编辑表格文档时，经常会遇到需要将多个单元格合并为一个单元格的情况，具体操作方法如下。

步骤 01 ❶ 选中要合并的多个单元格，❷ 在"开始"选项卡中单击"合并居中"下拉按钮，❸ 在弹出的下拉菜单中选择"合并居中"命令。

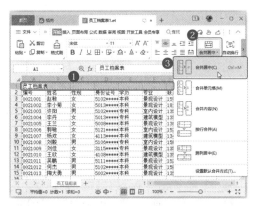

步骤 02 完成操作后，即可看到所选单元格区域合并为一个单元格，且其中的文字居中显示。

3. 调整行高和列宽

默认情况下，WPS 表格文档中的单元格行高与列宽都是固定的，当单元格中的内容较多时，就会出现无法将其全部显示出来的情况，这时就需要对单元格的行高或列宽进行设置。手动调整 WPS 表格行高和列宽的具体操作如下。

步骤 01 将鼠标指针指向要调整行高的所在行号下方的边框线上，当指针变成黑色双向箭头时，按住鼠标左键不放并向上或向下拖动，此时行标签旁边将出现一个提示框，显示当前的行高。

步骤 02 在合适的位置释放鼠标左键，即可看到调整行高的效果。

步骤 03 将鼠标指针指向要调整列宽的所在列号右侧的边框线上，当指针变成黑色双向箭头时，按住鼠标左键不放并向左侧或右侧拖动，此时列标签旁边将出现一个提示框，显示当前的列宽。

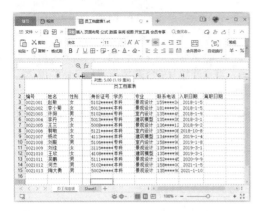

步骤 04 在合适的位置释放鼠标左键，即可看到调整列宽的效果。

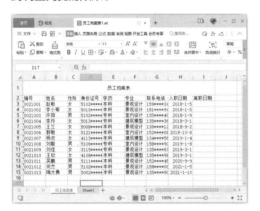

步骤 05 按照上面的方法调整其他需调整行高或列宽的单元格。

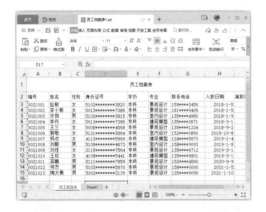

5.1.4 美化单元格

为了让文档的最终效果赏心悦目，可能还需要对文档进行美化操作，如设置字体格式、设置数据对齐方式、添加表格边框等。

1. 设置字体格式

在 WPS 表格文档中，默认的字体格式为黑色 11 号宋体，为了让表格更加美观，用户可以根据需要更改表格中各项内容的字体格式，具体操作如下。

步骤 01 ❶ 打开"素材文件\第 5 章\员工档案表 2.et"文档，选中标题行，右击，❷ 在弹出的快捷菜单中选择"设置单元格格式"命令。

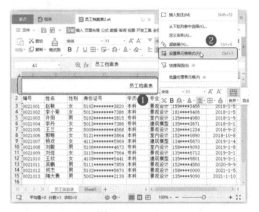

步骤 02 ❶ 弹出"单元格格式"对话框，切换到"字体"选项卡，❷ 根据需要设置标题行文本内容的字体、字形、字号和颜色，❸ 设置完成后单击"确定"按钮。

步骤 03 在返回的表格文档中可看到更改标题行字体格式的效果。

步骤 04 按照前面的操作方法更改其他单元格的字体格式。

2. 设置数据对齐方式

WPS 表格文档默认的文本对齐方式为左对齐，如果需要更改文本或数据的对齐方式，可通过下面的方法实现。

步骤 01 ❶ 选中要更改对齐方式的单元格，❷ 在"开始"选项卡中单击"居中对齐"按钮。

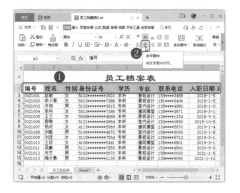

步骤 02 可看到所选标题行居中对齐的效果。

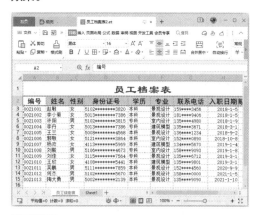

步骤 03 按照前面的操作方法继续设置其他行或列的对齐方式。

3. 添加表格边框

虽然 WPS 表格文档是以表格的方式呈现各类数据，但默认情况下，打印出来的表格并未自带表格边框线，为了让打印出来的文档更加美观，用户可为其添加表格边框，具体操作如下。

步骤 01 ❶ 打开"素材文件\第5章\员工档案表3.et"文档，选中要添加边框的单元格区域，❷ 在"开始"选项卡中单击"边框"下拉按钮，❸ 在弹出的下拉菜单中选择要添加的框线类型，如选择"所有框线"命令。

步骤 02 在返回的表格文档中，可看到为所选单元格区域的所有单元格添加边框的效果。

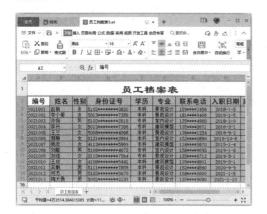

步骤 03 如果要添加其他类型或颜色的边框，可在下拉菜单中选择"其他边框"命令。

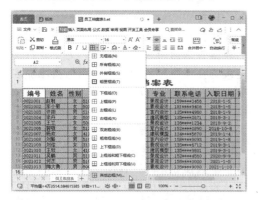

步骤 04 ❶ 弹出"单元格格式"对话框，切换到"边框"选项卡，❷ 在"样式"列表框中

选择需要的边框样式，❸ 单击"颜色"下拉列表框，选择边框颜色，❹ 在"预置"栏中选择设置的边框线，本例选择"外边框"。

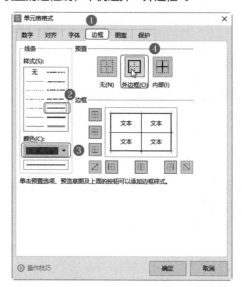

步骤 05 ❶ 继续设置线条的样式和颜色，❷ 在"预置"栏中选择"内部"，此时在"边框"栏中可看到设置的预览效果，❸ 单击"确定"按钮。

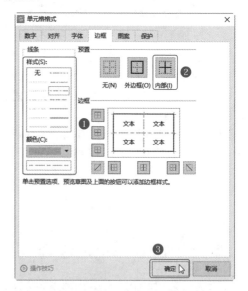

步骤 06 在返回的表格文档中，可看到自定义设置表格边框后的效果。

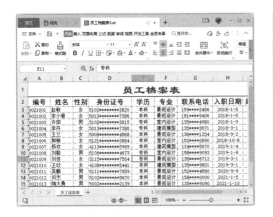

读书笔记

5.2 制作"员工工资条"

案例说明

员工工资表是每个企业最常用的文档之一，除了通过各部门之间的配合得到数据外，还需要行政或财务人员利用函数或公式统计数据。此外，由于员工之间工资是保密的，员工工资表制作完成后，还需要将其制作成工资条的形式，以便发放给员工。"员工工资条"文档制作完成后的效果如下图所示（结果文件参见：结果文件 \ 第 5 章 \ 员工工资条 .et）。

扫一扫，看视频

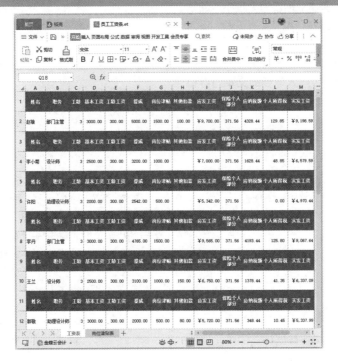

思路分析

制作员工工资表时，首先需要设置单元格的数据格式，接着统计各项数据，涉及工龄工资和岗位津贴的数据需要利用函数进行计算，涉及应发工资、个人所得税和实发工资的数据可以通过公式进行计算。计算完成后，还需要将工资表制作为工资条，以便后期打印或查阅。其具体制作思路如下图所示。

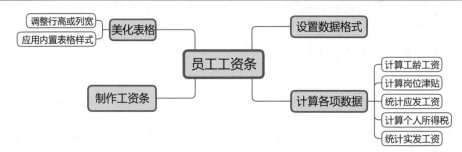

具体操作步骤及方法如下。

5.2.1 设置数据格式

为了保证员工工资表的美观，用户可以先将表格中的单元格设置为需要的数据格式，例如将员工工资表的基本数据设为2位小数的数字格式，将"应发工资"和"实发工资"设为货币数字格式，具体操作如下。

步骤 01 打开"素材文件＼第5章＼员工工资表.et"文档，在其中输入需要的文本内容和数据。

步骤 02 ❶ 选中要设置数据格式的单元格区域，❷ 在"开始"选项卡中单击"单元格格式"对话框按钮。

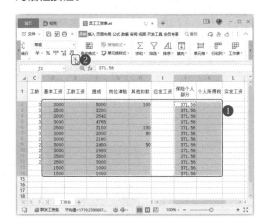

步骤 03 ❶ 弹出"单元格格式"对话框，在"数字"选项卡的"分类"列表框中选择"数值"选项，❷ 单击"小数位数"微调按钮，设置显示的小数位数，❸ 单击"确定"按钮。

小提示

在 WPS 表格文档中输入数值时，默认以原本的录入方式显示，这样会导致某些数据以整数形式显示，某些数据以小数形式显示，为了整体的统一和美观，可以将其设为统一的数字位数。

步骤 04 ❶ 选中要设置为货币类型的单元格区域，❷ 单击"单元格格式"对话框按钮。

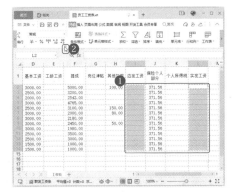

步骤 05 ❶ 弹出"单元格格式"对话框，在"数字"选项卡的"分类"列表框中选择"货币"选项，❷ 单击"小数位数"微调按钮，设置显示的小数位数，❸ 单击"货币符号"下拉按钮，选择人民币符号"￥"，❹ 单击"确定"按钮。

5.2.2 计算各项数据

不同的企业，工资的计算方法各有不同，假设企业的应发工资由基本工资、工龄工资、提成、岗位津贴和其他扣款组成，实发工资由应发工资扣除保险个人部分和个人所得税所得，其中基本工资、提成和保险个人部分的数据由行政和销售部门提供，其他数据可以利用函数和公式进行计算。

1. 计算工龄工资

在不同的企业，工龄工资的计算方法有所不同，假设本例中的工龄工资标准为：工龄大于 1 年的员工，工龄工资每年递增 100 元；工龄小于 1 年的员工，无工龄工资。此时可使用 IF 函数计算工龄工资，具体操作方法如下。

步骤 01 ❶ 选中要计算工龄工资的第一个单元格，❷ 切换到"公式"选项卡，❸ 单击"插入函数"按钮。

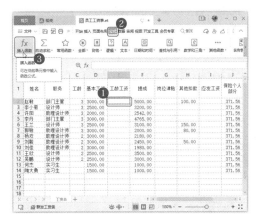

步骤 02 ❶ 弹出"插入函数"对话框，由于 IF 函数为常用函数，此时在"选择函数"列表框中可看到此函数，选中该函数，❷ 单击"确定"按钮。

🔔 **小提示**

若在"选择函数"列表框中未找到 IF 函数，可在"查找函数"文本框中输入"IF"进行查找，然后再在"选择函数"列表框中选择查询到的 IF 函数。

步骤 03 ❶ 弹出"函数参数"对话框，在"测试条件"文本框中输入"C2>1"，在"真值"文本框中输入"C2*100"，在"假值"文本框中输入 0，参数表达的意思是：若 C2 单元格的数值大于 1，则返回 C2 单元格数值乘 100 的数据；若 C2 单元格的数值小于 1，则直接返回数值 0。❷ 单击"确定"按钮。

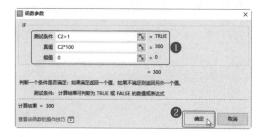

步骤 04 在返回的表格文档中可看到得到的结果。

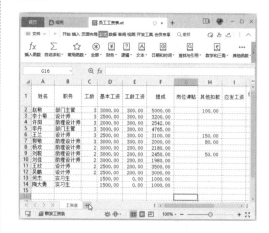

步骤 05 在 C2 单元格中输入函数并得到计算结果后，将鼠标指针指向单元格右下方，当指针变成黑色十字形状时，按住鼠标左键不放并向下拖动，直到覆盖所有需要计算工龄工资的单元格，释放鼠标左键即可得到计算结果。

2. 计算岗位津贴

一个企业有多个不同的岗位，岗位不同，工资也不同，因此许多企业为不同的工作岗位设置有不同的岗位津贴。工资表中包含多名员工，手动输入难免会出错，用户可以在新工作表中列举出各职务的岗位津贴标准，然后利用函数从新工作表中查询出相应的数据，操作如下。

步骤 01 单击"工资表"工作表右侧的 ＋ 按钮。

步骤 02 双击新建的工作表标签，将默认名称改为"岗位津贴表"。

步骤 03 在新工作表中输入职务及其对应的岗位津贴金额。

步骤 04 ❶ 切换到"工资表"工作表，选中要插入岗位津贴的第一个单元格，❷ 切换到"公式"选项卡，❸ 单击"插入函数"按钮。

步骤 05 ❶ 弹出"插入函数"对话框，单击"或选择类别"下拉按钮，选择"查找与引用"函数类别，❷ 在下方的"选择函数"列表框中选中 VLOOKUP 函数，❸ 单击"确定"按钮。

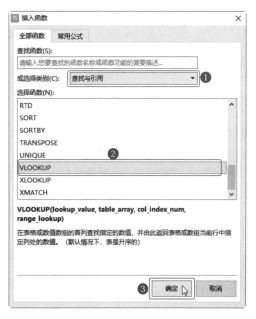

步骤 06 ❶ 弹出"函数参数"对话框，由于"工资表"工作表"职务"在 B 列，因此在"查找值"文本框中输入需要查找的第一个单元格，即 B2，❷ 单击"数据表"文本框右侧的折叠按钮。

步骤 07 ❶ 切换到"岗位津贴表"工作表，❷ 选中查找范围，❸ 此时引用的工作表和单元格区域将显示在"函数参数"对话框中，单击右侧的折叠按钮。

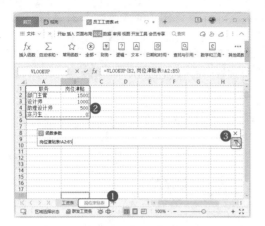

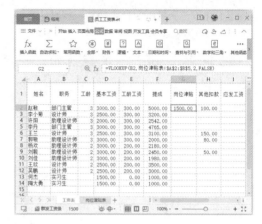

步骤 08 引用数据时，默认以相对引用方式进行引用，在"数据表"文本框中将相对引用改为绝对引用，其格式为"＄行号＄列号"。

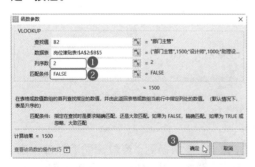

步骤 09 ❶ 在"岗位津贴表"工作表中，不同职务对应的岗位津贴值在 B 列，所以在"列序数"文本框中输入 2，❷ 在"匹配条件"文本框中输入 FALSE，❸ 设置完成后单击"确定"按钮。

步骤 10 在返回的表格文档中可看到第一个单元格的计算结果。

步骤 11 将鼠标指针指向单元格右下方，当指针变成黑色十字形状时，按住鼠标左键不放并向下拖动，直到覆盖完所有需要计算岗位津贴的单元格，释放鼠标左键即可得到计算结果。

3. 统计应发工资

在本例中，"应发工资"等于"基本工资＋工龄工资＋提成＋岗位津贴－其他扣款"，其中基本工资、提成和其他扣款的数据已有，工龄工资和岗位津贴计算完成后，就可以进行统计了，操作如下。

步骤 01 选中需要计算应发工资的第一个单元格 I2，输入等号"＝"，单击该行"基本工资"所在的 D2 单元格，该单元格将自动引用到 I2 中。

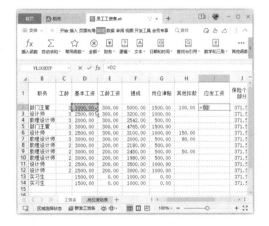

步骤 02 按照上一步的操作方法继续输入计算符号和引用其他单元格。

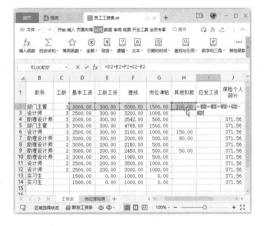

步骤 03 按下 Enter 键，得到计算结果。

步骤 04 将鼠标指针指向单元格右下方，当指针变成黑色十字形状时，按住鼠标左键不放并向下拖动，直到覆盖完所有需要计算应发工资的单元格，释放鼠标左键即可得到计算结果。

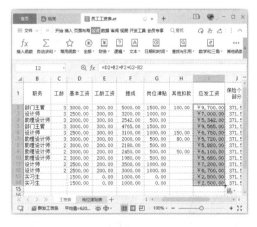

4. 计算个人所得税

根据个人所得税税法规定，不同的工资缴纳的税额不同，WPS 表格中提供了常用的公式列表，计算个人所得税就是其中之一，操作如下。

步骤 01 ❶ 选中"个人所得税"列，右击，❷ 在快捷菜单中选择"插入"命令。

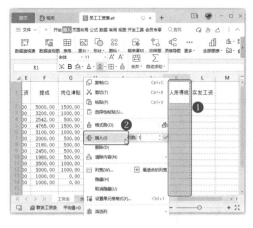

步骤 02 在插入的新列的第一个单元格中输入列标题"应纳税额"。

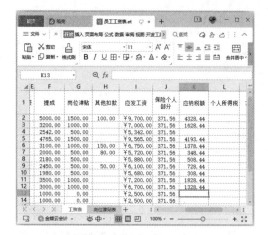

小提示

应纳税额＝本月应发工资－费用－保险个人部分－住房公积金个人部分－专项附加扣除，若单位缴纳了年金，还需扣减个人缴纳的年金部分。

步骤 03 假设本例没有住房公积金个人部分和专项附加扣除项，应纳税额等于应发工资减去基本费用 5000 元和保险个人部分，在 K2 单元格中输入公式 =I2-5000-J2，其中 I 列为应发工资，J 列为保险个人部分，按下 Enter 键，得到计算结果。

小提示

应发工资减去五险一金个人部分和专项扣除费用后，若金额小于 5000 元则无须缴纳个人所得税，因此本例得到计算结果后，删除了结果为负数的单元格。

步骤 05 ❶选中要计算个人所得税的第一个单元格，❷切换到"公式"选项卡，❸单击"插入函数"按钮。

步骤 06 ❶弹出"插入函数"对话框，切换到"常用公式"选项卡，❷在"公式列表"列表框中选择"计算个人所得税（2019-01-01 之后）"选项，❸在下方的"参数输入"栏中单击"本期应税额"文本框右侧的折叠按钮。

步骤 04 将鼠标指针指向单元格右下方，当指针变成黑色十字形状时，按住鼠标左键不放并向下拖动，直到覆盖完所有需要计算应纳税额的单元格，释放鼠标左键即可得到计算结果。

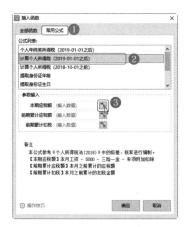

计算个人所得税，首先需要确定应纳税额，即本月的应发工资减去费用、三险一金个人部分和专项附加扣除的差，其次需要统计本年度前期的累计应税额和本年度累计已扣除的个人所得税，假设本例计算的是 1 月份的个人所得税，故前期数据都为 0。

步骤 09 在返回的工作表中可看到计算的第一个个人所得税税额。

步骤 07 ❶ 在"工资表"工作表中选中第一个应纳税额所在的单元格，❷ 单击文本框右侧的折叠按钮。

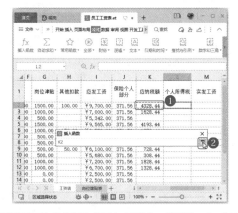

步骤 10 将鼠标指针指向单元格右下方，当指针变成黑色十字形状时，按住鼠标左键不放并向下拖动，直到覆盖完所有需要计算个人所得税的单元格，释放鼠标左键即可得到计算结果。

步骤 08 ❶ 返回"插入函数"对话框，在"前期累计应税额"和"前期累计扣税"文本框中输入 0，❷ 单击"确定"按钮。

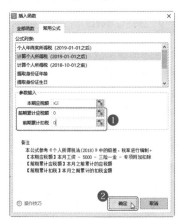

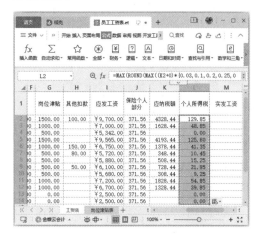

5. 统计实发工资

最后需要统计实际发放的工资金额，本例中，实发工资 = 应发工资 - 保险个人部分 - 个人所得税，操作如下。

步骤 01 在第一个需要统计实发工资的单元格中输入等号"="，单击该行"应发工资"所在的单元格 I2。

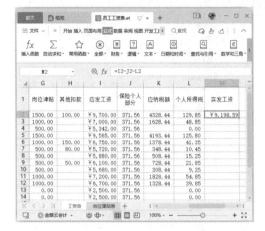

步骤 04 将鼠标指针指向单元格右下方，当鼠标指针变成黑色十字形状时，按住鼠标左键不放并向下拖动，直到覆盖完所有需要计算实发工资的单元格，释放鼠标左键即可得到计算结果。

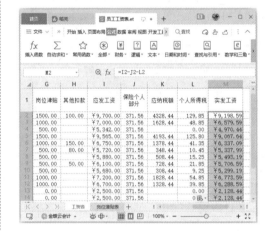

步骤 02 所选单元格将自动引用到 M2 单元格中，通过键盘输入减号"-"。

5.2.3 美化表格

统计好各项数据后，为了让表格文档更加美观，用户可对表格进行适当调整，例如调整行高或列宽、应用内置表格样式等。

1. 调整行高或列宽

WPS 表格文档默认的单元格行高和列宽都是固定的，看起来比较紧凑，用户可根据需要自定义行高或列宽。本例以调整行高为例，具体操作如下。

步骤 03 按照前面的操作方法继续引用其他要计算的单元格，并输入计算符号，公式录入完成后，按下 Enter 键，得到计算结果。

步骤 01 ❶ 打开"素材文件\第 5 章\员工

步骤 05 按照前面的操作方法，从 1 开始在复制粘贴的标题行右侧输入序号。

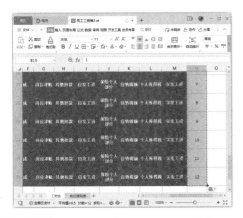

步骤 06 ❶ 选中序号列，❷ 在"开始"选项卡中单击"排序"下拉按钮，❸ 在弹出的下拉菜单中选择"升序"命令。

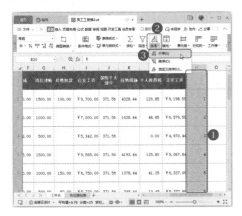

步骤 07 ❶ 弹出"排序警告"对话框，选中"扩展选定区域"单选按钮，❷ 单击"排序"按钮。

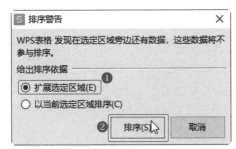

步骤 08 在返回的表格文档中可看到对序号列排序的效果，保持序号列为选中状态。

步骤 09 删除序号列中的序号，即得到最终的工资条效果。

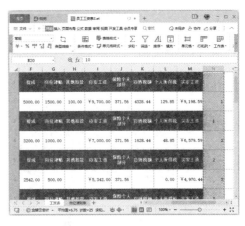

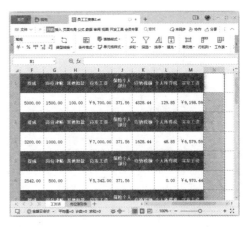

步骤 10 ❶ 单击文档窗口中的"文件"下拉按钮，打开"文件"菜单，❷ 选择"文件"命令，❸ 在展开的子菜单中选择"另存为"命令。

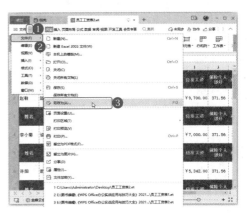

步骤 11 ❶ 弹出"另存文件"对话框，设置好表格文档的保存位置，❷ 在"文件名"文本框中输入保存的文档名称，❸ 单击"保存"按钮。

本章小结

本章通过 2 个综合案例，系统地讲解了 WPS 表格中创建表格、录入数据、编辑和美化单元格的基本操作和技巧，以及函数和公式的使用等知识。在学习本章内容时，读者要熟练掌握表格数据的录入和编辑技巧，其次要掌握数据计算中常用函数和公式的应用。

✏ 读书笔记

第 6 章

WPS 表格：数据的排序、筛选和汇总

本章
导读

在 WPS 表格中对数据进行分析时，常常需要将数据按一定的顺序排序，为了快速提取符合条件的数据，还需要对数据进行筛选。此外，还可能遇到需要将数据按条件进行汇总处理的情况。本章以"员工考核表""进销存库存表"和"销售业绩表"三个文档为例，介绍在 WPS 表格中进行数据排序、筛选和汇总的操作方法和技巧。

知识
技能

本章相关案例及知识技能如下图所示。

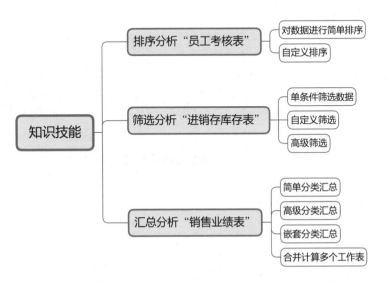

6.1 排序分析"员工考核表"

案例说明

不同的企业有不同的奖励机制，奖金的算法也不尽相同，一般来说，销售部或者财务部每个月都要对奖金的金额进行统计。假设本例中，员工考核表中包括编号、姓名、职务、工资系数、完工量、完工率、提成比例和奖金等信息，将员工考核表以自定义序列排序的效果如下图所示（结果文件参见：结果文件\第6章\员工考核表－自定义排序.et）。

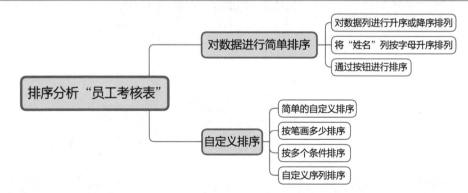

思路分析

销售经理或者财务人员对员工考核表进行排序分析时，可以简单地按某数据列的值或员工姓名首字拼音进行升序或降序排列，也可以按员工姓名笔画多少或者多个条件进行排序分析，当没有符合需求的排序条件时，甚至还可以自定义序列进行排序。排序方式不同，得到的数据排列结果也不同。其具体制作思路如下图所示。

```
                                              ┌─ 对数据列进行升序或降序排列
                          ┌─ 对数据进行简单排序 ┼─ 将"姓名"列按字母升序排列
                          │                   └─ 通过按钮进行排序
排序分析"员工考核表" ───┤
                          │                   ┌─ 简单的自定义排序
                          └─ 自定义排序 ───────┼─ 按笔画多少排序
                                              ├─ 按多个条件排序
                                              └─ 自定义序列排序
```

具体操作步骤及方法如下。

6.1.1 对数据进行简单排序

在 WPS 表格中分析处理数据时，排序是常见的操作，用户可以直接选择"升序"或"降序"命令对数据进行简单的排序。

1. 对数据列进行升序或降序排列

用户通过功能区中的命令可以快速对数据进行升序或降序排列，下面将"完工量"列按降序排列，具体操作如下。

步骤 01 ❶ 打开"素材文件 \ 第 6 章 \ 员工考核表 .et"文档，选中要排序的列，❷ 在"开始"选项卡中单击"排序"下拉按钮，❸ 在弹出的下拉菜单中选择需要的命令，本例选择"降序"命令。

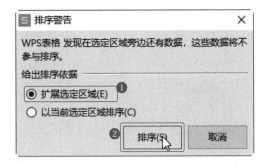

步骤 02 ❶ 弹出"排序警告"对话框，选中"扩展选定区域"单选按钮，❷ 单击"排序"按钮。

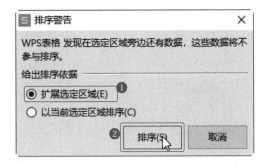

步骤 03 在返回的表格文档中，可看到选中列及其扩展区域以降序方式进行排列的效果。

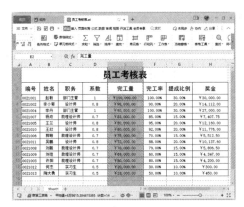

步骤 04 ❶ 单击文档窗口中的"文件"下拉按钮，打开"文件"菜单，❷ 选择"文件"命令，❸ 在展开的子菜单中选择"另存为"命令。

步骤 05 ❶ 弹出"另存文件"对话框，设置好文档的保存位置，❷ 在"文件名"文本框中输入文档名称，❸ 单击"保存"按钮。

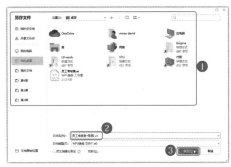

2. 将"姓名"列按字母升序排列

对文本内容列进行排序时，默认的排序方法是按字母顺序排序，以升序为例，是按照首字拼音从 A 到 Z 进行排序。下面将"姓名"列按字母升序排列，具体操作如下。

步骤 01 ❶ 打开"素材文件＼第 6 章＼员工考核表 .et"文档，选中"姓名"列，❷ 在"开始"选项卡中单击"排序"下拉按钮，❸ 在弹出的下拉菜单中选择"升序"命令。

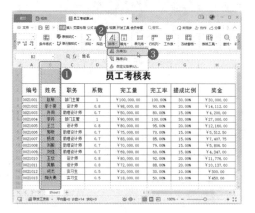

步骤 02 ❶ 弹出"排序警告"对话框，选中"扩展选定区域"单选按钮，❷ 单击"排序"按钮。

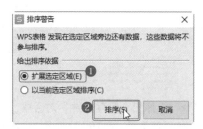

步骤 03 在返回的表格文档中，可看到"姓名"列及其扩展区域以升序方式进行排列的效果。

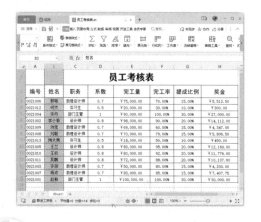

步骤 04 ❶ 按照前面的操作方法打开"另存文件"对话框，设置好文档的保存位置，❷ 在"文件名"文本框中输入文档名称，❸ 单击"保存"按钮保存文档。

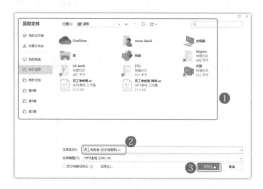

🔔 小技巧

执行排序操作时，"排序警告"对话框中有两种排序依据，若选中"以当前选定区域排序"单选按钮，则只有所选排序列的数据有变化，表格中其他数据的位置不变，为了保证数据的完整性，常选中"扩展选定区域"单选按钮。

3. 通过按钮进行排序

如果要对文档进行多次排序，可通过按钮操作来实现快速排序。下面通过按钮对"完工量"列进行降序排列，操作方法如下。

步骤 01 ❶ 打开"素材文件＼第 6 章＼员工考核表 .et"文档，选中标题行，❷ 在"开始"选项卡中单击"筛选"下拉按钮，❸ 在弹出的下拉菜单中选择"筛选"命令。

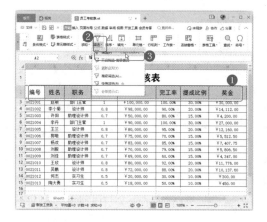

步骤 02 ❶ 此时可看到标题行每个列标题的右下角都出现了一个 ▽ 按钮，单击"完工量"列右下角的 ▽ 按钮，❷ 在弹出的下拉面板中选择"降序"命令。

步骤 03 在返回的表格文档中，可看到"完工量"列及其扩展区域按降序排列的效果。

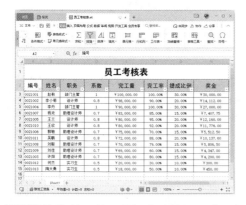

步骤 04 ❶ 按照前面的操作方法打开"另存文件"对话框，设置好文档的保存位置，❷ 在"文件名"文本框中输入文档名称，❸ 单击"保存"按钮保存文档。

6.1.2 自定义排序

在 WPS 表格中，除了简单地按照某个条件进行升序和降序排列外，还可以进行更复杂的排序，例如按照多个条件排序，或者自定义排序方式等。

1. 简单的自定义排序

最简单的自定义排序方法是，打开"排序"对话框，在其中设置排序条件。下面将"系数"列按降序排列，操作方法如下。

步骤 01 ❶ 打开"素材文件\第 6 章\员工考核表 .et"文档，在"开始"选项卡中单击"排序"下拉按钮，❷ 在弹出的下拉菜单中选择"自定义排序"命令。

步骤 02 ❶ 弹出"排序"对话框，单击"列"选项下方的"主要关键字"下拉列表框，选择"系数"选项，❷ 单击"次序"下拉列表框，选择"降序"选项，❸ 单击"确定"按钮。

步骤 03 在返回的表格文档中，可看到"系数"列及其扩展区域按降序排列的效果。

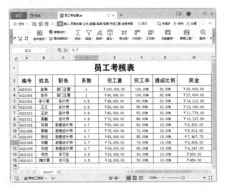

步骤 04 ❶ 按照前面的操作方法打开"另存文件"对话框，设置好文档的保存位置，❷ 在"文件名"文本框中输入文档名称，❸ 单击"保存"按钮保存文档。

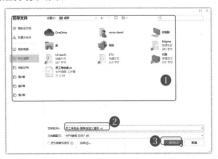

2. 按笔画多少排序

对"姓名"列进行排序时，默认的排序方式是按照首字拼音的字母顺序进行排序。此外，用户还可以按照汉字笔画的多少进行排序。下面将"姓名"列按照笔画排序，具体操作如下。

步骤 01 ❶ 打开"素材文件\第6章\员工考核表.et"文档，在"开始"选项卡中单击"排序"下拉按钮，❷ 在弹出的下拉菜单中选择"自定义排序"命令。

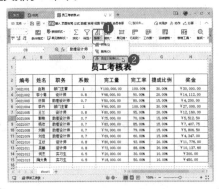

步骤 02 ❶ 弹出"排序"对话框，将"主要关键字"设为"姓名"，❷ 将"次序"设为"升序"，❸ 单击"选项"按钮。

步骤 03 ❶ 弹出"排序选项"对话框，选中"笔画排序"单选按钮，❷ 单击"确定"按钮。

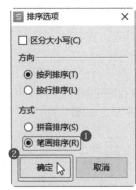

步骤 04 返回"排序"对话框，单击"确定"按钮。

步骤 05 在返回的表格文档中，可看到"姓名"列及其扩展区域按笔画进行升序排列的效果。

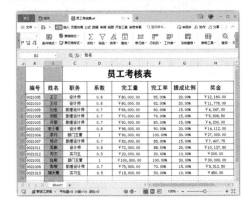

小提示

　　按笔画排序时，首先按姓氏的笔画多少排序，若姓名同笔画，则按起笔顺序排列，即按横、竖、撇、捺、折的顺序排列；若姓氏的笔画和笔形都相同，则按字形结构排序，即先左右结构，再上下结构，最后是整体字；如果姓氏相同，则依次对第二个字、第三个字排序。

步骤 06 ❶ 按照前面的操作方法打开"另存文件"对话框，设置好文档的保存位置，❷ 在"文件名"文本框中输入文档名称，❸ 单击"保存"按钮保存文档。

3. 按多个条件排序

　　为了让结果更符合用户的需求，操作时可能会遇到按多个条件排序的情况。下面先将"系数"列按降序排序，再将"完工量"列按降序排序，操作如下。

步骤 01 ❶ 打开"素材文件\第 6 章\员工考核表 .et"文档，在"开始"选项卡中单击"排序"下拉按钮，❷ 在弹出的下拉菜单中选择"自定义排序"命令。

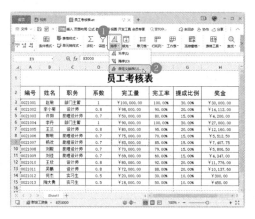

步骤 02 ❶ 弹出"排序"对话框，将"主要关键字"设为"系数"，❷ 将"次序"设为"降序"，❸ 单击"添加条件"按钮。

步骤 03 ❶ 将"次要关键字"设为"完工量"，❷ 将"次序"设为"降序"，❸ 单击"确定"按钮。

步骤 04 在返回的表格文档中，可看到先将"系数"列按降序排列，再在结果中将"完工量"列按降序排列的效果。

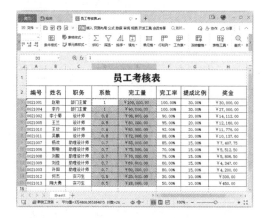

步骤 05 ❶ 按照前面的操作方法打开"另存文件"对话框，设置好文档的保存位置，❷ 在"文件名"文本框中输入文档名称，❸ 单击"保存"按钮保存文档。

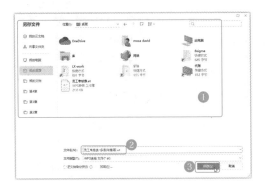

4. 自定义序列排序

对表格进行排序时，如果发现没有合适的排序规则进行选择，用户可以自定义序列进行排序，操作如下。

步骤 01 ❶ 打开"素材文件\第6章\员工考核表.et"文档，在"开始"选项卡中单击"排序"下拉按钮，❷ 在弹出的下拉菜单中选择"自定义排序"命令。

步骤 02 ❶ 弹出"排序"对话框，将"主要关键字"设为"职务"，❷ 单击"次序"下拉列表框，选择"自定义序列"选项。

步骤 03 ❶ 弹出"自定义序列"对话框，

在"输入序列"列表框中输入需要的序列方式，以逗号隔开，❷ 设置完成后单击"添加"按钮。

步骤 04 ❶ 此时可看到新添加的序列被导入左侧的"自定义序列"列表框中，选中该序列，❷ 单击"确定"按钮。

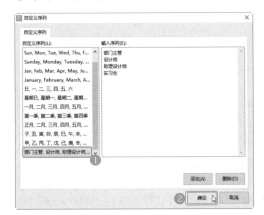

步骤 05 返回"排序"对话框，单击"确定"按钮。

步骤 06 在返回的表格文档中，可看到"职务"列及其扩展区域按自定义序列进行排序的效果。

对话框，设置好文档的保存位置，❷ 在"文件名"文本框中输入文档名称，❸ 单击"保存"按钮保存文档。

步骤 07　❶ 按照前面的操作方法打开"另存文件"

6.2 筛选分析"进销存库存表"

案例说明

进销存库存表中包含公司所有的产品信息，例如产品名称、款式、颜色、期初数量、本月进货量、本月出库量及结存数等，由于产品较多，表格内容相对也较多，查找起来非常麻烦，此时可以通过筛选功能快速筛选需要的产品数据。对进销存库存表按设置的条件，将筛选结果显示在条件下方的效果如下图所示（ 结果文件参见：结果文件 \ 第 6 章 \ 进销存库存表 – 高级筛选 .et ）。

扫一扫，看视频

思路分析

公司主管人员或者财务人员在筛选进销存库存表时，可通过具体的某个条件或者单元格颜色进行单条件筛选，也可以自定义范围进行筛选。若没有合适的选择条件，还可以自定义筛选条件或者通过通配符进行高级筛选，从而快速筛选出需要的数据。其具体制作思路如下图所示。

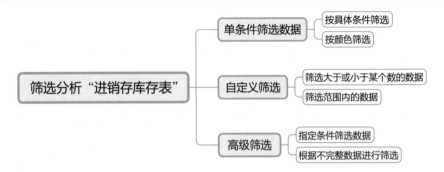

具体操作步骤及方法如下。

6.2.1 单条件筛选数据

用户可以通过选择具体数值进行简单筛选，也可以通过单元格颜色进行筛选，这些操作都属于单条件筛选。

1. 按具体条件筛选

一列数据通常包含多个数值或内容，若只需要显示某个内容的所有单元格，可选择该条件进行筛选。下面筛选尺码为"44-45"的所有数据，具体操作如下。

步骤 01 ❶ 打开"素材文件\第6章\进销存库存表.et"文档，选中要筛选的数据列，❷ 在"开始"选项卡中单击"筛选"下拉按钮，❸ 在弹出的下拉菜单中选择"筛选"命令。

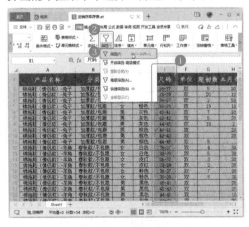

步骤 02 ❶ 此时可看到所选的"尺码"列标题的右下角出现一个 按钮，单击该按钮，❷ 在展开的下拉面板中，默认全选了所有数据，取消勾选不需要的数据值，本例只保留勾选"44-45"复选框，❸ 单击"确定"按钮。

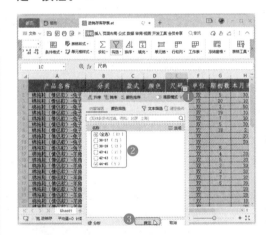

🔔 **小提示**

在筛选数据时，只是将不符合条件的数据隐藏起来，只显示需要的数据。

步骤 03 在表格文档中即可看到仅显示筛选出来的数据。

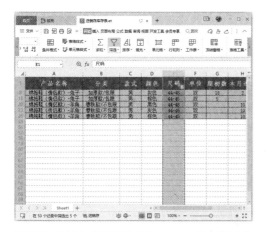

步骤 04 单击"筛选"按钮，即可退出筛选状态，回到原表格效果。

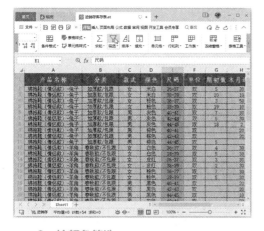

2. 按颜色筛选

在 WPS 表格中，除了通过文本内容或数值筛选数据外，用户还可以根据单元格的颜色进行筛选，具体操作如下。

步骤 01 打开"素材文件\第 6 章\进销存库存表.et"文档，在"开始"选项卡中单击"筛选"按钮，此时可看到标题行所有单元格的右下角都出现 ▼ 按钮。

🔔 **小提示**

WPS 表格默认没有设置单元格颜色，若要按颜色筛选数据，前提是要将单元格设为不同的颜色，否则无法选择筛选条件。

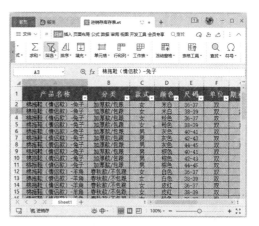

步骤 02 ❶ 单击要筛选的列标题右下角的 ▼ 按钮，❷ 在展开的下拉面板中将鼠标指针指向"颜色筛选"选项，❸ 在显示的列表中单击要筛选出来的单元格颜色。

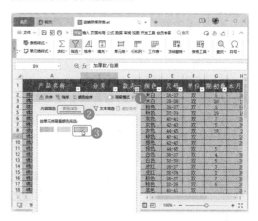

步骤 03 在返回的表格文档中，即可看到所有符合所选单元格颜色的内容。

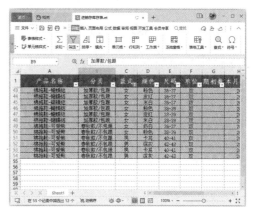

步骤 04 ❶ 按照前面的操作方法打开"另存文件"对话框，设置好文档的保存位置，❷ 在"文件名"文本框中输入文档名称，❸ 单击"保存"按钮保存文档。

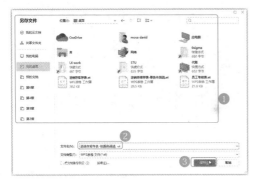

6.2.2 自定义筛选

除了通过具体的数据进行筛选外，在WPS 表格中还可以自定义筛选条件，比如大于、小于等。

1. 筛选大于或小于某个数的数据

在 WPS 表格中，若要筛选大于或等于、小于或等于某个数的所有数据，可以通过数字筛选功能实现。下面筛选结存数大于或等于 10 的产品，具体操作如下。

步骤 01 打开"素材文件\第6章\进销存库存表 .et"文档，在"开始"选项卡中单击"筛选"按钮。

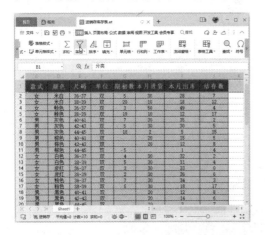

步骤 02 ❶ 此时可看到标题行所有单元格的右下角都出现 ▼ 按钮，单击要筛选的列标题右下角的 ▼ 按钮，❷ 在展开的下拉面板中单击"数字筛选"选项。

步骤 03 在展开的子菜单中选择"大于或等于"命令。

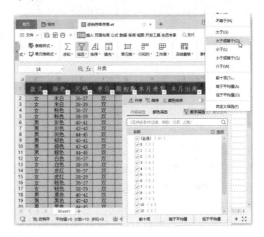

步骤 04 ❶ 弹出"自定义自动筛选方式"对话框，第一个条件显示的是刚才所选的命令，即"大于或等于"，在右侧的文本框中输入要筛选的数值，本例输入 10，❷ 单击"确定"按钮。

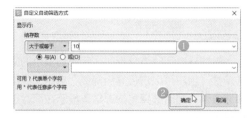

步骤 05 在返回的表格文档中，可看到筛选出来的符合条件的所有数据行。

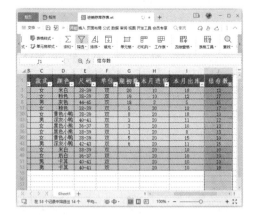

步骤 06 ❶ 按照前面的操作方法打开"另存文件"对话框，设置好文档的保存位置，❷ 在"文件名"文本框中输入文档名称，❸ 单击"保存"按钮保存文档。

2. 筛选范围内的数据

在实际工作中，对工作表进行分析时，经常遇到需要筛选某个区间范围内的数据的情况，此时可通过自定义筛选功能实现。下面筛选工作表中结存数小于 14，且大于或等于 6 的所有数据，具体操作如下。

步骤 01 打开"素材文件\第 6 章\进销存库存

表 .et"文档，在"开始"选项卡中单击"筛选"按钮。

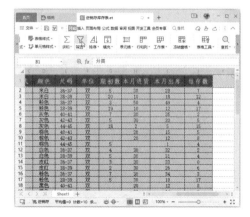

步骤 02 ❶ 此时可看到标题行所有单元格的右下角都出现 ▼ 按钮，单击要筛选的列标题右下角的 ▼ 按钮，❷ 在展开的下拉面板中单击"数字筛选"选项。

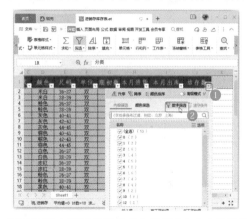

步骤 03 在展开的子菜单中选择"自定义筛选"命令。

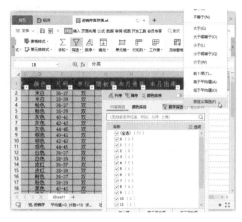

步骤 04 ❶ 弹出"自定义自动筛选方式"对话框，单击第一个条件下拉列表框，选择"大于或等于"，在右侧文本框中输入 6，❷ 单击第二个条件下拉列表框，选择"小于"，在右侧文本框中输入 14，❸ 设置完成后单击"确定"按钮。

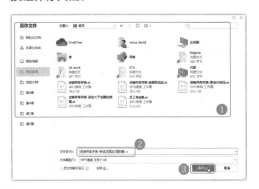

步骤 05 在返回的表格文档中，可看到筛选出来的结存数小于 14，且大于或等于 6 的所有数据。

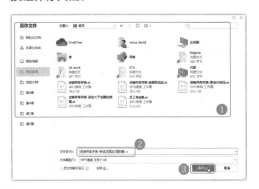

步骤 06 ❶ 按照前面的操作方法打开"另存文件"对话框，设置好文档的保存位置，❷ 在"文件名"文本框中输入文档名称，❸ 单击"保存"按钮保存文档。

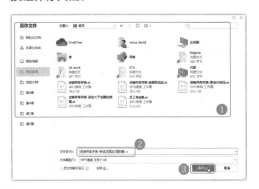

6.2.3 高级筛选

对数据进行筛选分析时，若遇到复杂的筛选条件，用户可以进行高级筛选，自定义设置筛选条件，然后选择将筛选结果显示在原数据位置或者是另外的位置。

1. 指定条件筛选数据

若要多条件筛选数据，用户可以先将指定的条件录入表格文档中，然后根据指定的条件筛选数据，具体操作如下。

步骤 01 打开"素材文件\第 6 章\进销存库存表.et"文档，在要筛选的数据所在工作表的空白处输入筛选条件。

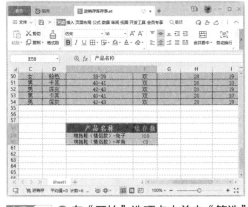

步骤 02 ❶ 在"开始"选项卡中单击"筛选"下拉按钮，❷ 在展开的下拉菜单中选择"高级筛选"命令。

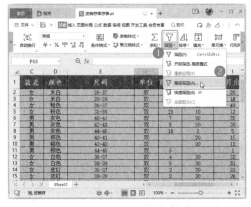

步骤 03 弹出"高级筛选"对话框，单击"列表区域"选项右侧的折叠按钮 。

步骤 04 ❶ 拖动鼠标在工作表中选择要筛选的数据区域，❷ 选择完成后再次单击折叠按钮 。

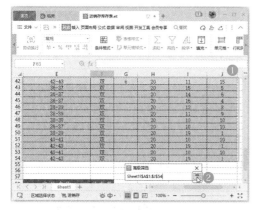

步骤 05 返回"高级筛选"对话框，单击"条件区域"选项右侧的折叠按钮 。

步骤 06 ❶ 拖动鼠标在工作表中选择刚才设置的条件区域，❷ 选择完成后再次单击折叠按钮 。

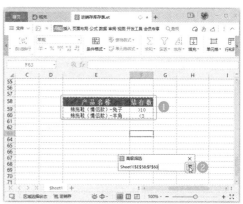

步骤 07 ❶ 返回"高级筛选"对话框，文档默认在原有区域显示筛选结果，若需将筛选结果显示到其他位置，可选中"将筛选结果复制到其他位置"单选按钮，❷ 此时"复制到"选项呈可编辑状态，单击右侧的折叠按钮 。

步骤 08 ❶ 在工作表中选中要显示筛选结果的位置，❷ 设置完成后单击折叠按钮 。

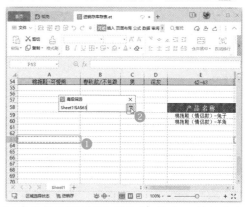

步骤 09 返回"高级筛选"对话框，单击"确定"按钮。

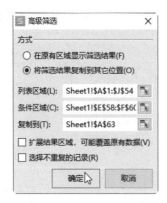

步骤 10 在返回的表格文档中，可看到在所选位置显示的筛选结果。

步骤 11 ● 按照前面的操作方法打开"另存文件"对话框，设置好文档的保存位置，❷ 在"文件名"文本框中输入文档名称，❸ 单击"保存"按钮保存文档。

2. 根据不完整数据进行筛选

对数据进行筛选时，若多个单元格中的数据包含同一个字符，需要将所有包含此字符的单元格都筛选出来，或者记不全数据，只记得其中的部分内容时，可通过通配符将所有包含此字符的数据全部筛选出来。下面筛选"颜色"列中所有带"白"字的数据，具体操作如下。

步骤 01 打开"素材文件 \ 第 6 章 \ 进销存库存表 .et"文档，在要筛选的数据所在工作表的空白处输入筛选条件。

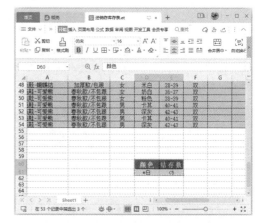

小技巧

使用通配符筛选数据时，问号"?"表示一个字符，星号"*"表示多个字符。

步骤 02 ● 在"开始"选项卡中单击"筛选"下拉按钮，❷ 在下拉菜单中选择"高级筛选"命令。

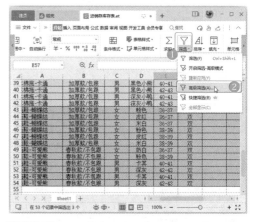

步骤 03 弹出"高级筛选"对话框，单击"列表区域"选项右侧的折叠按钮。

步骤 04 ❶ 拖动鼠标在工作表中选择要筛选的数据区域，❷ 选择完成后再次单击折叠按钮。

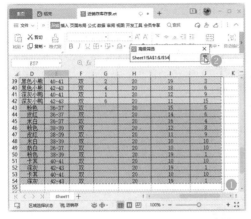

步骤 05 返回"高级筛选"对话框，单击"条件区域"选项右侧的折叠按钮。

步骤 06 ❶ 拖动鼠标在工作表中选择刚才设

置的条件区域，❷ 再次单击折叠按钮。

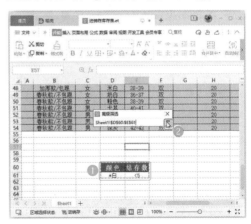

步骤 07 返回"高级筛选"对话框，单击"确定"按钮。

步骤 08 在返回的表格文档中，可看到筛选出来的符合条件的所有结果。

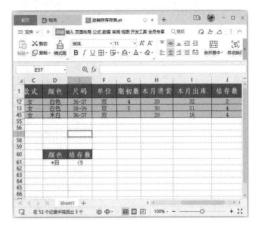

步骤 09 ❶ 按照前面的操作方法打开"另存文件"对话框,设置好文档的保存位置,❷ 在"文件名"文本框中输入文档名称,❸ 单击"保存"按钮保存文档。

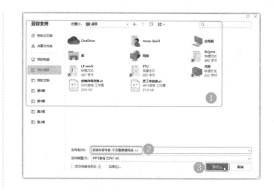

6.3 汇总分析"销售业绩表"

案例说明

扫一扫，看视频

销售业绩表是企业销售部门统计不同地区、不同店铺或者不同销售人员在不同日期销售产品的业绩数据表，以方便在不同的时间节点或者按不同的标准汇总分析数据。将销售业绩表按"区域"汇总的效果如下图所示（结果文件参见：结果文件\第6章\销售业绩表－按区域汇总.et）。

区域	店铺	月份	A销量	B销量	销售额
北碚区	天生店	1月	32	29	¥247,000.00
北碚区	西大店	1月	45	41	¥348,000.00
北碚区	青木店	1月	16	14	¥122,000.00
北碚区	天生店	2月	27	13	¥174,000.00
北碚区	西大店	2月	27	12	¥171,000.00
北碚区	青木店	2月	18	19	¥147,000.00
北碚区	天生店	3月	22	19	¥167,000.00
北碚区	西大店	3月	20	18	¥154,000.00
北碚区	青木店	3月	19	25	¥170,000.00
北碚区	天生店	4月	27	21	¥198,000.00
北碚区	西大店	4月	23	25	¥190,000.00
北碚区	青木店	4月	18	17	¥141,000.00
北碚区 汇总					¥2,229,000.00
江北区	观音桥店	1月	46	37	¥341,000.00
江北区	冉家坝店	1月	21	30	¥195,000.00
江北区	观音桥店	2月	29	31	¥238,000.00
江北区	冉家坝店	2月	19	22	¥161,000.00
江北区	观音桥店	3月	37	21	¥248,000.00
江北区	冉家坝店	3月	24	17	¥171,000.00
江北区	观音桥店	4月	29	18	¥199,000.00
江北区	冉家坝店	4月	32	28	¥244,000.00
江北区 汇总					¥1,797,000.00
南岸区	南坪店	1月	30	28	¥234,000.00
南岸区	弹子石店	1月	19	24	¥167,000.00
南岸区	融侨店	1月	16	17	¥131,000.00
南岸区	南坪店	2月	23	21	¥178,000.00
南岸区	弹子石店	2月	15	18	¥129,000.00
南岸区	融侨店	2月	11	14	¥97,000.00
南岸区	南坪店	3月	21	22	¥171,000.00
南岸区	弹子石店	3月	18	17	¥141,000.00
南岸区	融侨店	3月	15	16	¥123,000.00
南岸区	南坪店	4月	28	21	¥203,000.00
南岸区	弹子石店	4月	15	9	¥102,000.00
南岸区	融侨店	4月	13	18	¥119,000.00
南岸区 汇总					¥1,795,000.00
渝中区	解放碑店	1月	62	57	¥481,000.00
渝中区	大坪店	1月	58	55	¥455,000.00
渝中区	解放碑店	2月	52	68	¥464,000.00
渝中区	大坪店	2月	60	54	¥462,000.00
渝中区	解放碑店	3月	38	59	¥367,000.00
渝中区	大坪店	3月	42	48	¥354,000.00
渝中区	解放碑店	4月	39	52	¥351,000.00
渝中区	大坪店	4月	43	49	¥362,000.00
渝中区 汇总					¥3,296,000.00
总计					¥9,117,000.00

思路分析

汇总分析数据时，首先要判断分析目的，根据目的有的放矢地选择汇总方式，才能进行有效的数据分析。例如要分析某个地区的销售业绩，可以以"区域"为依据进行汇总；要分析不同区域各月的销售业绩，可先汇总"区域"总业绩，再按"月份"汇总数据等。其制作思路如下图所示。

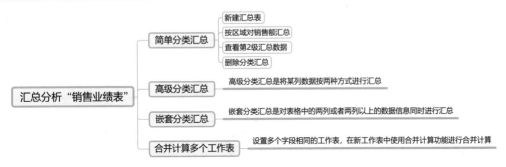

具体操作步骤及方法如下。

6.3.1　简单分类汇总

若要分析各个区域的销售额，可以按"区域"对表格进行简单的分类汇总。

1. 新建汇总表

本例中，销售业绩表只有各个月份的销售数据，要对数据进行分类汇总，首先需要建立一个汇总表，新建汇总表的操作如下。

步骤 01 打开"素材文件\第6章\销售业绩表.et"文档，单击"新建工作表"按钮十。

步骤 02 将新建的工作表命名为"汇总"，选中该工作表，使用鼠标将其拖动到其他工作表之前，便于查看。

步骤 03 将其他工作表中的数据复制到"汇总"工作表中。

2. 按区域对销售额汇总

将各个月的业绩表数据复制到新建的"汇总"工作表中后，就可以设置条件进行汇总了。下面按"区域"对销售额进行汇总，具体操作如下。

步骤 01 ❶ 选中"区域"列，❷ 切换到"数据"选项卡，❸ 单击"排序"下拉按钮，❹ 在弹出的下拉菜单中选择"升序"命令。

步骤 02 ❶ 弹出"排序警告"对话框，选中"扩展选定区域"单选按钮，❷ 单击"排序"按钮。

步骤 03 在返回的表格文档中，可看到"区域"列及其扩展区域按升序排序的效果。

步骤 04 在"数据"选项卡中单击"分类汇总"按钮。

步骤 05 ❶ 弹出"分类汇总"对话框，将"分类字段"设为"区域"，❷ 将"汇总方式"设为"求和"，❸ 在"选定汇总项"列表框中勾选"销售额"复选框，❹ 单击"确定"按钮。

步骤 06 在返回的表格文档中，可看到数据按"区域"汇总的效果。

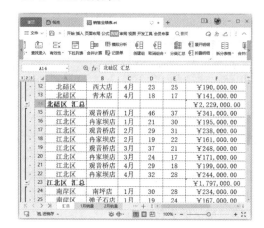

3. 查看第 2 级汇总数据

单击不同的级别可查看不同的数据，下面以查看第 2 级汇总数据为例，具体操作如下。

步骤 01 在"汇总"工作表中，单击汇总区域左上角的数字按钮 2。

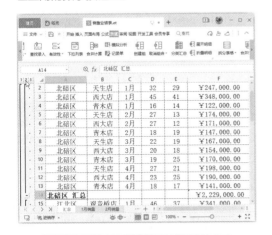

📢 小提示

通常情况下，表格文档中显示了 3 级汇总数据，其中第 3 级为显示所有数据，第 2 级为显示各项汇总数据和合计数，第 1 级为仅显示合计数。

步骤 02 文档中即可看到仅显示各项汇总数据和合计数的效果。

4. 删除分类汇总

执行分类汇总后，文档中会显示汇总结果，若要返回汇总前的状态，可将汇总结果删除，具体操作如下。

步骤 01 ❶ 在"汇总"工作表中，切换到"数据"选项卡，❷ 单击"分类汇总"按钮。

步骤 02 弹出"分类汇总"对话框，单击"全部删除"按钮。

步骤 03 表格文档即恢复到分类汇总前的状态。

6.3.2 高级分类汇总

默认情况下，简单的分类汇总只是将一列数据按一种方式进行汇总，而高级分类汇总则是将某列数据按两种方式进行汇总，更利于用户分析数据。下面将"区域"列按销售额进行求和汇总和按销售额最大值进行汇总，执行高级分类汇总的具体操作如下。

步骤 01 ❶ 打开"素材文件\第6章\销售业绩表1.et"文档，切换到"数据"选项卡，❷ 单击"排序"下拉按钮，❸ 在弹出的下拉菜单中选择"升序"命令。

步骤 02 在"数据"选项卡中单击"分类汇总"按钮。

步骤 03 ❶ 弹出"分类汇总"对话框，将"分类字段"设为"区域"，❷ 将"汇总方式"设为"求和"，❸ 在"选定汇总项"列表框中勾选"销售额"复选框，❹ 单击"确定"按钮。

步骤 04 在返回的表格文档中，可看到将"区域"列按销售额进行求和汇总的结果，再次单击"分类汇总"按钮。

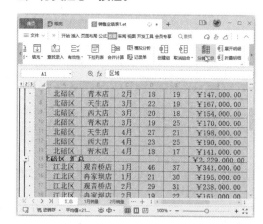

步骤 05 ❶ 弹出"分类汇总"对话框，"分类字段"保持"区域"选项不变，"选定汇总项"保持勾选"销售额"复选框，将"汇总方式"设为"最大值"，❷ 取消勾选"替换当前分类汇总"复选框，❸ 单击"确定"按钮。

🔔 小提示

刚才已经对"区域"列按销售额执行了求和汇总，若勾选"替换当前分类汇总"复选框，则会覆盖之前的汇总结果，因此这里要取消勾选"替换当前分类汇总"复选框。

步骤 `06` 在返回的表格文档中，可看到在按销售额求和汇总行的上方将增加最大值汇总行。

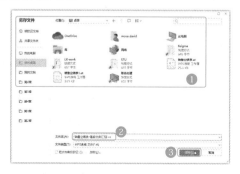

步骤 `07` ❶ 按照前面的操作方法打开"另存文件"对话框，设置好文档的保存位置，❷ 在"文件名"文本框中输入文档名称，❸ 单击"保存"按钮保存文档。

6.3.3 嵌套分类汇总

如果需要对表格中的两列或者两列以上的数据信息同时进行汇总，就要进行嵌套分类汇总。下面将"区域"列和"月份"列按销售额进行求和汇总，嵌套分类汇总的具体操作如下。

步骤 `01` ❶ 打开"素材文件\第 6 章\销售业绩表 1.et"文档，切换到"数据"选项卡，❷ 单击"排序"下拉按钮，❸ 在弹出的下拉菜单中选

择"升序"命令。

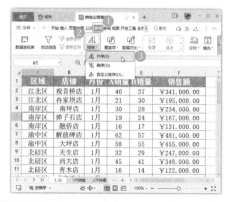

步骤 `02` 在"数据"选项卡中单击"分类汇总"按钮。

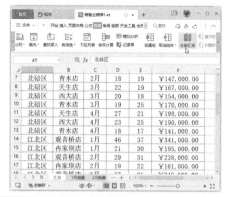

步骤 `03` ❶ 弹出"分类汇总"对话框，将"分类字段"设为"区域"，❷ 将"汇总方式"设为"求和"，❸ 在"选定汇总项"列表框中勾选"销售额"复选框，❹ 单击"确定"按钮。

步骤 `04` 在返回的表格文档中，可看到将"区域"列按销售额进行求和汇总的结果，再次单击"分类汇总"按钮。

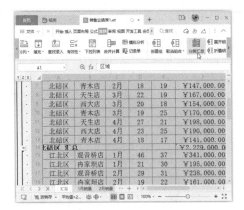

步骤 05 ❶ 弹出"分类汇总"对话框，将"分类字段"设为"月份"，"汇总方式"保持"求和"选项不变，"选定汇总项"列表框中保持勾选"销售额"复选框，❷ 取消勾选"替换当前分类汇总"复选框，❸ 单击"确定"按钮。

步骤 06 在返回的表格文档中，可看到按"区域"列进行销售额求和汇总，同时也按"月份"列进行销售额求和汇总的效果。

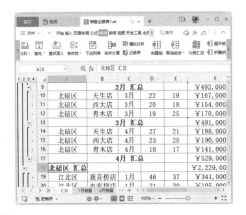

步骤 07 ❶ 按照前面的操作方法打开"另存文件"对话框，设置好文档的保存位置，❷ 在"文件名"文档框中输入文档名称，❸ 单击"保存"按钮保存文档。

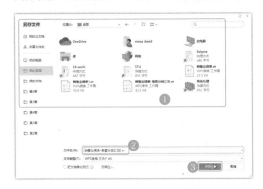

6.3.4 合并计算多个工作表

WPS 表格中提供了合并计算功能，可以将一个或多个工作表中具有相同标签的数据进行汇总运算。下面将 1—3 月销量工作表中的数据合并到新工作表中进行计算，操作如下。

步骤 01 打开"素材文件＼第6章＼销售业绩表 2.et"文档，单击"新建工作表"按钮十。

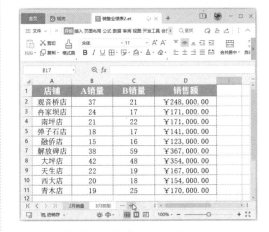

🔔 小技巧

对多个工作表进行合并计算时需要注意，各个工作表中的字段名必须相同。例如在本例中，引用的3个工作表都由"店铺""A销量""B销量"和"销售额"列组成，且"店铺"列下方的店铺名称也是相同的。

步骤 02 将新建的工作表命名为"一季度销售统计表"，并用鼠标将其拖动到其他工作表之前，以方便查阅。

步骤 03 ❶ 在新工作表中选中首列首行的第一个单元格，❷ 切换到"数据"选项卡，❸ 单击"合并计算"按钮。

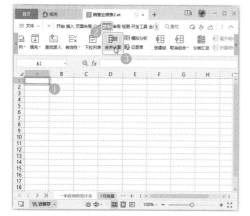

步骤 04 弹出"合并计算"对话框，"函数"保持"求和"选项不变，单击"引用位置"文本框右侧的折叠按钮。

步骤 05 ❶ 切换到"1月销量"工作表，❷ 选

中包含标题栏在内的所有数据区域，❸ 单击"合并计算－引用位置"对话框中的折叠按钮。

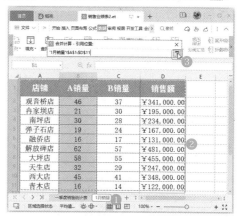

步骤 06 ❶ 返回"合并计算"对话框，单击"添加"按钮，将所选单元格区域添加到"所有引用位置"列表框中，❷ 单击"确定"按钮。

步骤 07 在返回的新建工作表中，可看到引用"1月销量"工作表数据的效果，再次单击"合并计算"按钮。

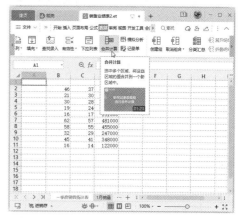

步骤 08 弹出"合并计算"对话框，"函数"保持"求和"选项不变，单击"引用位置"文本框右侧的折叠按钮。

步骤 09 ❶ 切换到"2月销量"工作表，❷ 选中包含标题栏在内的所有数据区域，❸ 单击"合并计算－引用位置"对话框中的折叠按钮。

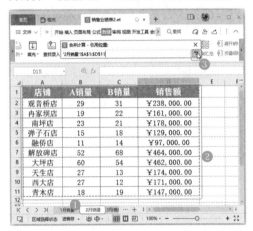

步骤 10 ❶ 返回"合并计算"对话框，单击"添加"按钮，将所选单元格区域添加到"所有引用位置"列表框中，❷ 单击"确定"按钮。

步骤 11 在返回的新建工作表中，可看到"1月销量"和"2月销量"两个工作表中的数据求和计算的效果，再次单击"合并计算"按钮。

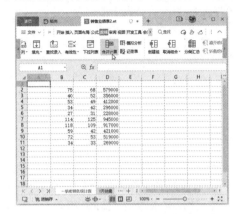

步骤 12 弹出"合并计算"对话框，"函数"保持"求和"选项不变，单击"引用位置"文本框右侧的折叠按钮。

步骤 13 ❶ 切换到"3月销量"工作表，❷ 选中包含标题栏在内的所有数据区域，❸ 单击"合并计算－引用位置"对话框中的折叠按钮。

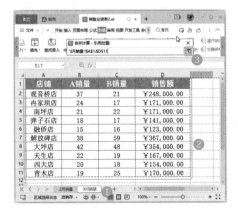

步骤 14 ❶ 返回"合并计算"对话框，单击"添加"按钮，将所选单元格区域添加到"所有引用位置"列表框中，❷ 在"标签位置"栏中勾选"首行"和"最左列"复选框，❸ 设置完成后单击"确定"按钮。

小技巧

若引用的数据有误，可在"合并计算"对话框的"所有引用位置"列表框中选中引用错误的位置，单击"删除"按钮将其从引用位置中删除，然后再重新引用。

步骤 15 ❶ 在返回的工作表中，可看到将 3 个工作表中的数据合并到一个工作表的计算结果。❷ 单击快速访问工具栏中的"保存"按钮保存表格文档。

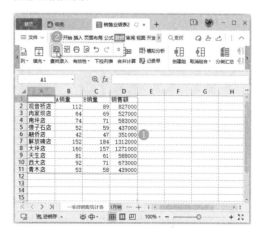

本章小结

本章通过 3 个综合案例，系统地讲解了在 WPS 表格中对数据进行简单和自定义排序，按某个条件筛选数据、自定义筛选和高级筛选，以及分类汇总数据和合并计算多个工作表数据等知识。在学习本章内容时，读者要熟练掌握表格数据的排序、筛选和汇总的操作方法和技巧。

✎ 读书笔记

第7章

WPS 表格：图表和透视图的应用

本章导读

在日常工作中，如果遇到含有大量数据且结构复杂的表格需要处理，简单的排序和筛选操作无法满足用户的需求，此时充分利用图表和数据透视图，可以快速分类汇总、筛选和比较海量数据。本章以制作"产品库存表"和"销量统计透视图表"两个文档为例，介绍在 WPS 表格中编辑图表和数据透视图的操作技巧。

知识技能

本章相关案例及知识技能如下图所示。

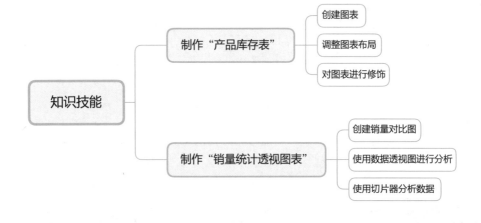

7.1 制作"产品库存表"

案例说明

扫一扫，看视频

　　对于制造行业和销售行业的企业来说，统计库存是一件常见的事，产品库存表通常包含产品名称、期初数、进货数量、出库数量和库存数量等项目，将表格数据转换为图表形式，可以帮助用户快速而直观地分析数据。"产品库存表"文档制作完成后的效果如下图所示（结果文件参见：结果文件 \ 第 7 章 \ 产品库存表 .et）。

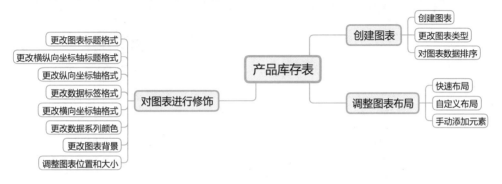

思路分析

　　仓库管理人员或者财务人员在制作产品库存表时，首先会把库存表中的数据创建为图表形式，并设置好图表的类型和数据排列顺序，接着对图表中显示的元素进行布局，为了增加图表的美观度，还可以对图表进行适当修饰，如更改标题格式、设置坐标轴格式、设置数据系列颜色和更改图表背景等。其具体制作思路如下图所示。

```
                                           ┌─ 创建图表
更改图表标题格式 ─┐              ┌─ 创建图表 ─┤─ 更改图表类型
更改横纵向坐标轴标题格式 ─┤              │          └─ 对图表数据排序
更改纵向坐标轴格式 ─┤              │
更改数据标签格式 ─┼─ 对图表进行修饰 ─┤─ 产品库存表
更改横向坐标轴格式 ─┤              │                      ┌─ 快速布局
更改数据系列颜色 ─┤              └─ 调整图表布局 ─┤─ 自定义布局
更改图表背景 ─┤                                └─ 手动添加元素
调整图表位置和大小 ─┘
```

具体操作步骤及方法如下。

7.1.1 创建图表

WPS 表格中提供了多种图表类型，创建图表后，还可以根据需要更改图表类型或更改图表中数据的排列顺序。

1. 创建图表

创建图表的操作十分简单，首先选中数据区域，然后再选择图表类型进行创建即可，具体操作如下。

步骤 01 ❶ 打开"素材文件 \ 第 7 章 \ 产品库存表 .et"文档，选中要创建图表的数据列，本例先选中"产品名称"列，❷ 按下 Ctrl 键，选中"库存"列。

步骤 02 ❶ 切换到"插入"选项卡，❷ 单击需要的图表下拉按钮，❸ 在展开的下拉面板中选择需要的图表类型。

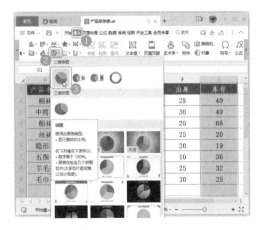

步骤 03 在返回的表格文档中，可看到插入的图表。

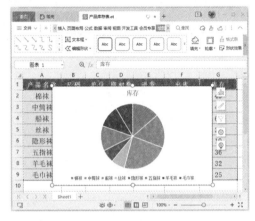

2. 更改图表类型

创建图表后，如果对添加的图表类型不满意，还可以将其更改为其他图表类型，具体操作如下。

步骤 01 ❶ 选中图表，❷ 切换到"图表工具"选项卡，❸ 单击"更改类型"按钮。

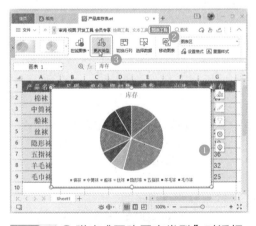

步骤 02 ❶ 弹出"更改图表类型"对话框，在左侧列表中选中要更换的图表类型，❷ 在右侧选项卡中单击要更换的图表选项。

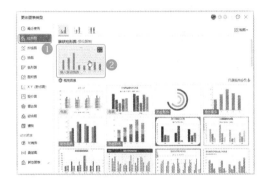

步骤 03 在返回的表格文档中，可看到更改图表后的效果。

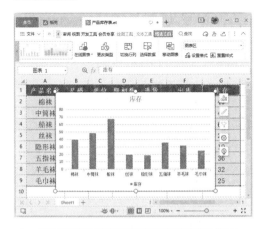

小提示

柱形图是最常用的图表类型之一，主要用于反映一段时间内的数据变化或显示不同项目间的对比。

3. 对图表数据排序

图表中的数据默认是以表格文档中的单元格区域进行排列的，如果要对图表中的数据列进行排序，用户只需对表格数据进行排序，具体操作如下。

步骤 01 ❶ 选中图表所在的数据列，本例为表格文档中的"库存"列，❷ 切换到"数据"选项卡，❸ 单击"排序"下拉按钮，❹ 在弹出的下拉菜单中选择需要的排序方式，本例选择"升序"命令。

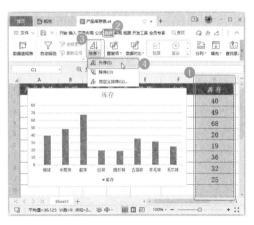

步骤 02 ❶ 弹出"排序警告"对话框，选中"扩展选定区域"单选按钮，❷ 单击"排序"按钮。

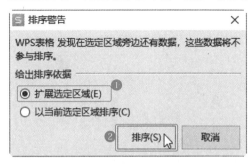

步骤 03 在返回的表格文档中，可看到"库存"列按升序排列的效果，同时图表中的数据也变为按升序方式排列。

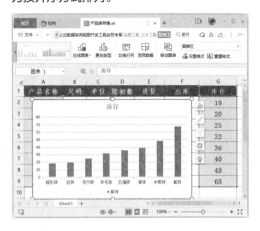

7.1.2 调整图表布局

虽然图表有多种类型，但绝大多数图表中

的组成元素是相同的，比如图表区域、图表标题、数据系列、数据标签等，用户可以根据需要设置图表的布局方式。

1. 快速布局

在表格文档中插入图表时，各种图表类型默认的样式都不同，如果觉得添加或删除图表元素麻烦，可套用系统内置的图表布局样式进行快速布局，操作如下。

步骤 01 ❶选中图表，❷切换到"图表工具"选项卡，❸单击"快速布局"下拉按钮，❹在展开的下拉面板中单击需要的布局选项。

步骤 02 在返回的文档中，可看到更改图表布局的效果。

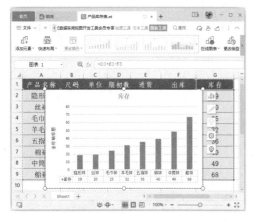

2. 自定义布局

选中图表后，图表右侧将显示几个常用的功能按钮，通过这些按钮可以对图表进行常用的设置。下面以添加趋势线为例，自定义更改图表布局的操作如下。

步骤 01 ❶选中图表，❷单击右侧最上方的"图表元素"按钮。

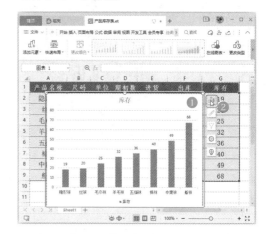

步骤 02 在展开的面板中，默认显示"图表元素"选项卡，在下方勾选需要显示的元素前的复选框，此时图表中将同步显示添加的图表元素。

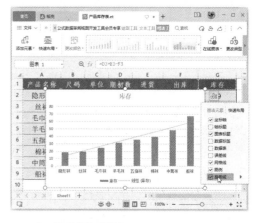

3. 手动添加元素

除了通过功能按钮更改图表布局外，还可以通过功能区手动添加图表元素，具体操作如下。

步骤 01 ❶选中图表，❷在"图表工具"选项卡中单击"添加元素"下拉按钮，❸在弹出的下拉菜单中选择要添加的元素，❹在展开的子菜单中选择要添加的元素位置。

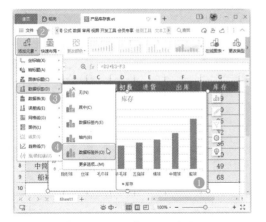

步骤 02 在返回的图表中，可看到手动添加图表元素的效果。

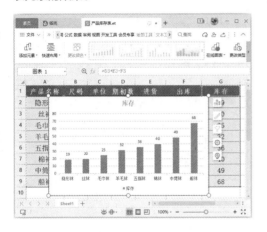

7.1.3 对图表进行修饰

调整好图表布局后，为了让图表的外观更加美观，用户可以对图表中的元素进行相应的修饰，例如图表标题、坐标轴、数据系列及图表背景等。

1. 更改图表标题格式

在图表中，图表标题默认的字体格式为 14 号、黑色、宋体，如果想要将图表的标题字体设为其他格式，可通过下面的操作实现。

步骤 01 ❶ 选中图表标题文本，❷ 在显示的浮动工具栏中单击"字体"下拉按钮，❸ 在下拉列表中选择需要的图表标题字体。

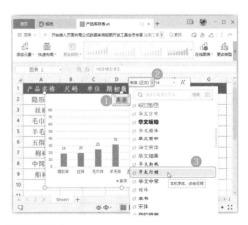

步骤 02 ❶ 保持图表标题文本为选中状态，在显示的浮动工具栏中单击"字号"下拉按钮，❷ 在下拉列表中选择需要的图表标题字号。

步骤 03 ❶ 保持图表标题文本为选中状态，在显示的浮动工具栏中单击"字体颜色"下拉按钮，❷ 选择需要的图表标题字体颜色。

步骤 04 返回图表，可看到修改图表标题格式后的效果。

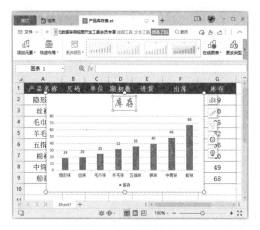

2. 更改横纵向坐标轴标题格式

在 WPS 表格中，图表坐标轴标题默认的字体格式为 10 号、黑色、加粗、宋体，用户可根据需要更改坐标轴标题的字体格式。由于本例没有设置坐标轴标题，因此需要先添加再设置，具体操作方法如下。

步骤 01 ❶ 选中图表，❷ 在"图表工具"选项卡中单击"添加元素"下拉按钮，❸ 在下拉菜单中选择"轴标题"命令，❹ 在展开的子菜单中选择"主要横向坐标轴"命令。

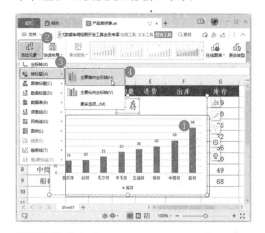

步骤 02 ❶ 保持图表为选中状态，再次单击"添加元素"下拉按钮，❷ 在下拉菜单中选择"轴标题"命令，❸ 在展开的子菜单中选择"主要纵向坐标轴"命令。

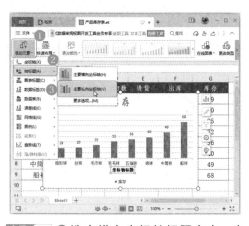

步骤 03 ❶ 选中横向坐标轴标题文本，右击，❷ 在弹出的快捷菜单中选择"字体"命令。

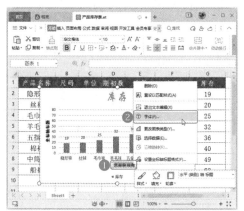

步骤 04 弹出"字体"对话框，根据需要设置字体、字形、字号和字体颜色。

步骤 05 ❶ 切换到"字符间距"选项卡，❷ 单击"间距"下拉按钮，选择"加宽"选项，❸ 在"度量值"微调框中设置横向坐标轴文本的间距宽度，❹ 设置完成后单击"确定"按钮。

步骤 06 返回表格文档，在图表中将默认的横向坐标轴标题文本删掉，输入需要的内容。

步骤 07 ❶ 选中纵向坐标轴标题文本，右击，❷ 在弹出的快捷菜单中选择"字体"命令。

🔔 **小提示**

选中坐标轴标题文本后，将会显示浮动工具栏，在其中也可设置坐标轴标题文本的字体、字号、颜色等。

步骤 08 弹出"字体"对话框，根据需要设置字体、字形、字号和字体颜色。

步骤 09 ❶ 切换到"字符间距"选项卡，❷ 单击"间距"下拉按钮，选择"加宽"选项，❸ 在"度量值"微调框中设置纵向坐标轴文本的间距宽度，❹ 设置完成后单击"确定"按钮。

步骤 10 返回表格文档，将原本的纵向坐标轴

标题文本删掉，输入需要的内容。

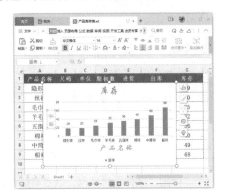

步骤 11 ❶ 选中纵向坐标轴标题文本，右击，❷ 在弹出的快捷菜单中选择"设置坐标轴标题格式"命令。

步骤 12 ❶ 弹出"属性"对话框，在"标题选项"组中切换到"大小与属性"选项卡，❷ 单击"文字方向"下拉列表框，选择"竖排"选项，❸ 设置完成后单击右上角的"关闭"按钮 ×。

步骤 13 返回表格文档，可看到设置纵向坐标轴标题文本格式的最终效果。

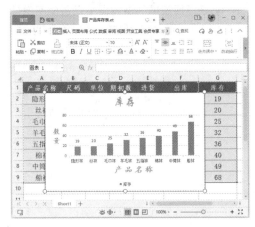

3. 更改纵向坐标轴格式

通常情况下，图表由横向和纵向坐标轴组合而成，即常说的 X 轴和 Y 轴，如果用户对图表中默认的纵向坐标轴格式不满意，可自定义设置，具体操作如下。

步骤 01 ❶ 选中图表中的纵向坐标轴，右击，❷ 在弹出的快捷菜单中选择"设置坐标轴格式"命令。

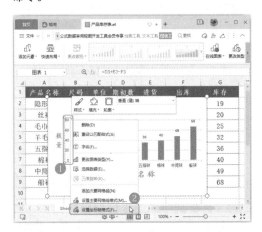

步骤 02 ❶ 弹出"属性"对话框，在"坐标轴选项"组中切换到"坐标轴"选项卡，❷ 根据需要设置纵向坐标轴的边界最小值、最大值和主要单位。

通常来说，纵向坐标轴的边界值都是以最小值 0 开始，根据实际需要，用户也可以将边界最小值设为以其他数值开始。

步骤 **03** ❶ 切换到"填充与线条"选项卡，❷ 在"线条"栏中选中"实线"单选按钮，❸ 在下方设置纵向坐标轴线条的颜色、宽度以及前端和末端箭头的样式，❹ 设置完成后单击右上角的"关闭"按钮 ×。

步骤 **04** 返回表格文档，可看到更改纵向坐标轴格式后的效果。

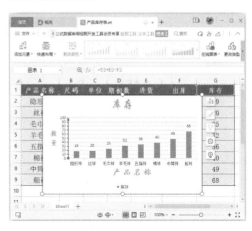

4. 更改数据标签格式

默认的簇状柱形图没有数据标签，前面讲解了在图表中添加数据标签的方法，默认添加的数据标签格式为黑色、9 号、宋体，若要更改数据标签的格式，可通过下面的方法实现。

步骤 **01** ❶ 选中图表中的数据系列，右击，❷ 在弹出的快捷菜单中选择"设置数据标签格式"命令。

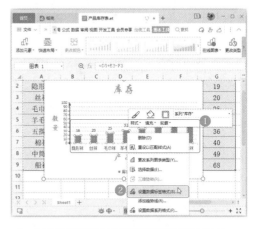

选中数据标签，右击，在弹出的快捷菜单中选择"设置数据标签格式"命令，也可设置数据标签。

步骤 **02** ❶ 弹出"属性"对话框，在"文本选项"组中切换到"填充与轮廓"选项卡，❷ 在"文本填充"栏中选中"纯色填充"单选按钮，❸ 单击"颜色"下拉列表框，选择需要的数据标签字体颜色。

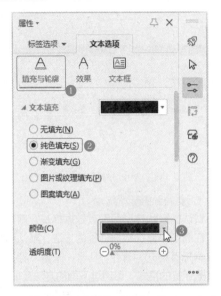

步骤 03 ❶ 拖动右侧的滚动条到下方，在"文本轮廓"栏中选中"实线"单选按钮，❷ 在下方设置文本轮廓的颜色、透明度、宽度和线条类型，❸ 设置完成后单击右上角的"关闭"按钮 ×。

步骤 04 ❶ 返回表格文档，选中数据标签，右击，❷ 在弹出的快捷菜单中选择"字体"命令。

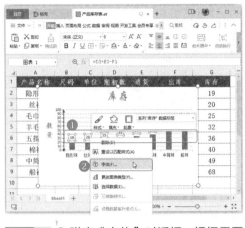

步骤 05 ❶ 弹出"字体"对话框，根据需要设置数据标签的字体和字号，❷ 设置完成后单击"确定"按钮。

步骤 06 返回表格文档，可看到设置数据标签格式后的效果。

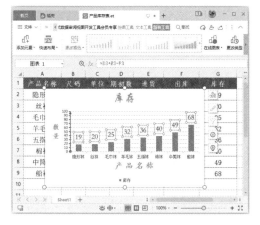

5. 更改横向坐标轴格式

前面更改了纵向坐标轴的格式和颜色，为了保持统一，这里可以为横向坐标轴设置相似的格式。

步骤 01 ❶ 选中横向坐标轴，右击，❷ 在弹出的快捷菜单中选择"设置坐标轴格式"命令。

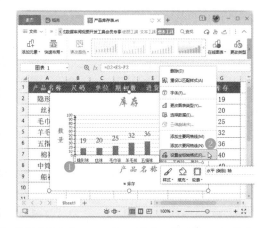

步骤 02 ❶ 弹出"属性"对话框，在"坐标轴选项"组中切换到"填充与线条"选项卡，❷ 在"线条"栏中选中"实线"单选按钮，❸ 在下方设置横向坐标轴的颜色、宽度和线条类型。

步骤 03 ❶ 切换到"效果"选项卡，❷ 本例设置"发光"效果，展开"发光"栏，根据需要设置光圈的颜色、大小和透明度。

步骤 `04` ❶ 切换到"大小与属性"选项卡，❷ 展开"对齐方式"栏，将"文字方向"设为"竖排"，❸ 设置完成后单击右上角的"关闭"按钮 ×。

步骤 `05` ❶ 返回图表，选中横向坐标轴，右击，❷ 在快捷菜单中选择"字体"命令。

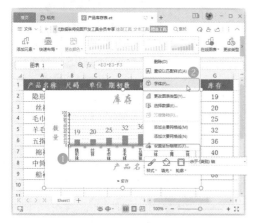

步骤 `06` ❶ 弹出"字体"对话框，根据需要设置横向坐标轴的文本字体和字号，❷ 设置完成后单击"确定"按钮。

步骤 `07` 返回图表，可看到更改横向坐标轴格式后的最终效果。

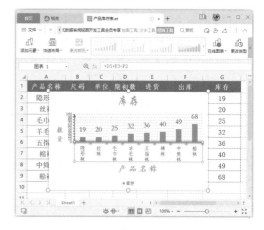

6. 更改数据系列颜色

在 WPS 表格中，簇状柱形图默认的数据系列颜色为蓝色，如果对默认的颜色不满意，可以自定义更改。下面将默认的纯色填充更改为前景色和背景色不同的图案填充，更改数据系列颜色的具体操作如下。

步骤 `01` ❶ 在图表中选中数据系列，右击，❷ 在弹出的快捷菜单中选择"设置数据系列格式"命令。

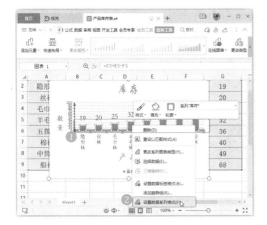

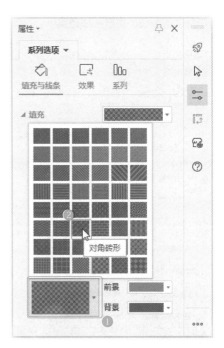

步骤 02 ❶ 弹出"属性"对话框，切换到"填充与线条"选项卡，❷ 本例在"填充"栏中选中"图案填充"单选按钮。

步骤 04 分别单击"样式"下拉按钮右侧的"前景"和"背景"下拉按钮，设置图案的前景色和背景色。

步骤 03 ❶ 单击下方的"样式"下拉按钮，❷ 在展开的面板中单击需要的图案填充样式。

步骤 05 ❶ 拖动滚动条到下方的"线条"栏，选中"实线"单选按钮，❷ 在下方设置数据系列边框线条的颜色、宽度和线条类型。

步骤 06 ❶ 切换到"效果"选项卡，❷ 根据需要设置数据系列的效果，如本例设置"发光"效果，展开"发光"栏，设置光圈的颜色、大小和透明度，❸ 单击右上角的"关闭"按钮 × 。

步骤 07 返回图表，可看到更改数据系列颜色后的效果。

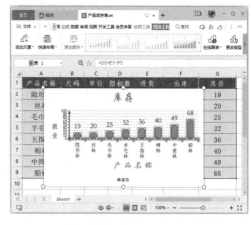

7. 更改图表背景

图表默认的背景为白色填充，为了让图表更加美观，用户可以将图表背景更改为其他颜色或者图片背景，具体操作如下。

步骤 01 ❶ 选中图表，右击，❷ 在弹出的快捷菜单中选择"设置图表区域格式"命令。

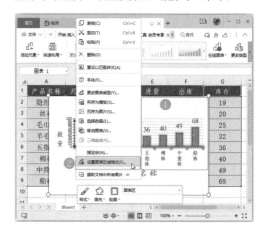

步骤 02 ❶ 弹出"属性"对话框，在"图表选项"组切换到"填充与线条"选项卡，❷ 本例在"填充"栏中选中"图片或纹理填充"单选按钮，❸ 单击"图片填充"下拉列表框，选择"本地文件"选项。

步骤 03 ❶弹出"选择纹理"对话框，选中需要设为图表背景的图片文件，❷单击"打开"按钮。

步骤 04 ❶返回"属性"对话框，设置图片背景的透明度，❷单击右上角的"关闭"按钮 ×。

步骤 05 返回图表，可看到图表背景由白色填充更改为图片填充的效果。

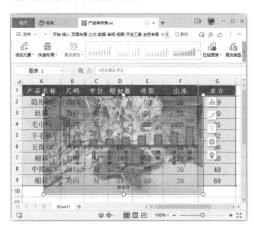

8. 调整图表位置和大小

将图表的背景色设为半透明填充后，会影响对图表的查看，因此可以调整图表的显示位置。如果觉得坐标轴的数据太紧凑，还可以调整图表的大小。调整图表位置和大小的具体操作如下。

步骤 01 选中图表，将鼠标指针指向图表的任意一个边框，当指针变为四周箭头形状时，按下鼠标左键，拖动到合适位置后释放鼠标左键，即可调整图表位置。

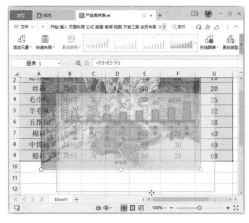

步骤 02 若要调整图表大小，可将鼠标指针指向图表的任意一个边框或者边角，当指针变为双向箭头时，按下鼠标左键进行拖动。

 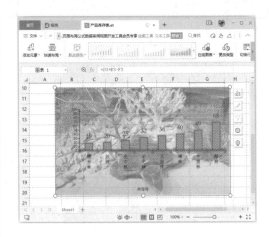

步骤 03 拖动到合适位置后释放鼠标左键，即可完成图表大小的调整。

7.2 制作"销售统计透视图表"

案例说明

对于销售行业来说，定期统计销售业绩，对销售数据进行对比分析，是经常要做的事情，当数据较多，且项目较复杂时，可以将图表数据转换为数据透视图，以提高数据的分析效率。"销售统计透视图表"文档制作完成后的效果如下图所示（结果文件参见：结果文件\第7章\销售统计透视图表.xlsx）。

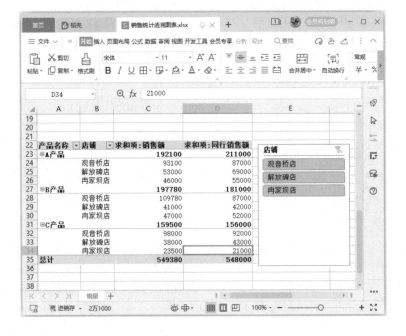

思路分析

在制作销售统计透视图表时，首先需要创建数据透视表，并设置好显示在透视表中的字段，接着可以通过调整字段或者创建图表来分析销售数据，如果觉得筛选功能无法筛选出满意的数据，还可以通过切片器功能筛选数据。其具体制作思路如下图所示。

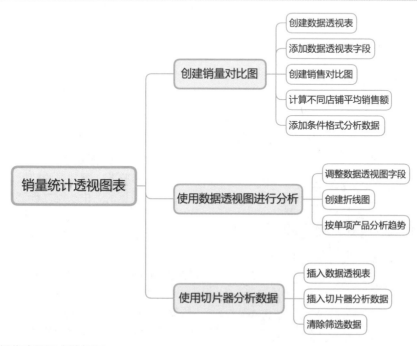

具体操作步骤及方法如下。

7.2.1 创建销量对比图

若工作表中包含多项数据，通过数据透视表可将所有数据整合到一个表格中，然后通过选择不同的字段来进行不同目的的数据分析。

1. 创建数据透视表

要创建销量对比图，首先需要创建数据透视表，操作如下。

步骤 01 ❶打开"素材文件\第 7 章\销售业绩表 .et"，切换到"插入"选项卡，❷单击"数据透视表"按钮。

步骤 02 弹出"创建数据透视表"对话框，单击"请选择单元格区域"单选按钮下方的折叠按钮 。

步骤 03 ❶ 在返回的表格文档中，拖动鼠标选择数据区域，❷ 再次单击折叠按钮。

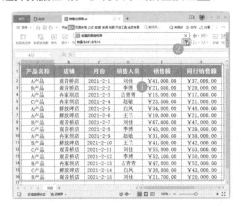

步骤 04 ❶ 返回"创建数据透视表"对话框，在"请选择放置数据透视表的位置"栏中选中"新工作表"单选按钮，❷ 单击"确定"按钮。

步骤 05 在返回的表格文档中，可看到完成数据透视表创建后的效果。

2. 添加数据透视表字段

默认情况下，刚创建的数据透视表中是没有任何数据的，由于刚才创建时设置了数据区域，因此可以通过添加字段列表的方法将数据添加到数据透视表中，具体操作如下。

步骤 01 ❶ 创建数据透视表后，将弹出"数据透视表"窗格，在"字段列表"栏中的列表框中勾选要添加的字段前的复选框，❷ 设置完成后单击"数据透视表区域"选项展开该栏。

步骤 02 ❶ 本例中选中"行"列表框，选中"店铺"字段，❷ 按下鼠标左键将其拖动到"列"列表框中。

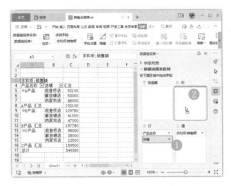

步骤 03 释放鼠标左键，在左侧的表格文档中可看到将"店铺"字段移动到"列"列表框中的效果。

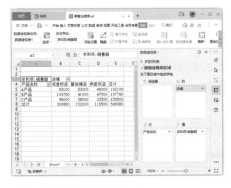

3. 创建销售对比图

通过前面的操作，数据透视表中已有数据显示，此时就可以将表格中的数据通过图表进行可视化显示，以便进一步对比分析，操作如下。

步骤 01 ❶ 选中数据区域中的任意单元格，❷ 切换到"插入"选项卡，❸ 单击要插入的图表类型按钮，❹ 在展开的面板中单击需要的图表类型选项。

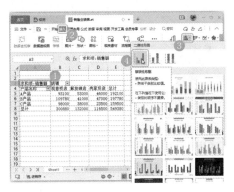

步骤 02 返回文档，即可看到创建的图表效果。

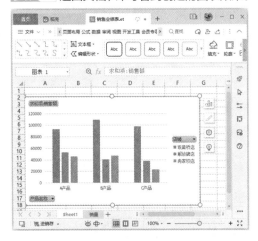

4. 计算不同店铺平均销售额

默认情况下，数据透视表进行汇总时，是以求和的方式汇总数据，例如在前面的操作中，汇总的是各个产品的销售额之和，若要以其他方式进行汇总，可通过设置进行更改。下面将统计不同店铺销售额的平均值，具体操作如下。

步骤 01 在"数据透视表"窗格的"字段列表"栏中勾选要显示的字段前的复选框。

步骤 02 展开"数据透视表区域"栏，在"值"列表框中选中"求和项：销售额"字段。

步骤 03 右击，在弹出的快捷菜单中选择"值字段设置"命令。

步骤 04 ❶ 弹出"值字段设置"对话框，在"值字段汇总方式"列表框中选择"平均值"选项，❷ 单击"确定"按钮。

步骤 05 返回数据透视表，可看到汇总列以平均值汇总的效果。

步骤 06 ❶ 可看到本例中有些单元格的汇总数据以多位小数显示，为了让表格看起来更加规范，可选中汇总的多列数据，❷ 在"开始"选项卡中单击"单元格格式"对话框按钮。

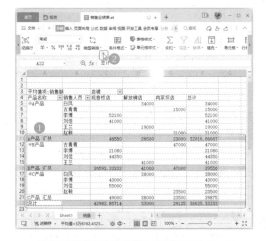

🔔 **小技巧**

　　在数据透视表中选中一行数据后，按住 Ctrl 键不放，继续单击其他需要选择的行所在的行号，可一次性选中多行数据。

步骤 07 ❶ 弹出"单元格格式"对话框，在"数字"选项卡的"分类"列表框中选择"数值"

选项，❷ 将"小数位数"微调框中的值设为 2，❸ 单击"确定"按钮。

步骤 08 返回数据透视表，可看到按平均值汇总销售额的最终效果。

5. 添加条件格式分析数据

当汇总数据较多时，一下子无法看出各个数据的差别，此时可设置条件格式，为表格中的数据填充不同深浅的颜色，通过颜色对比来判断销售额的高低。下面以设置"色阶"条件格式为例，具体操作如下。

步骤 01 在打开的数据透视表中，选中所有数据区域。

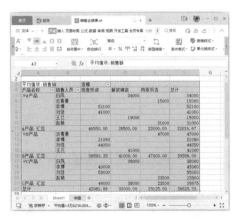

步骤 02 ❶ 在"开始"选项卡中单击"条件格式"下拉按钮，❷ 在下拉菜单中选择"色阶"命令，❸ 在展开的面板中选择需要的色阶样式。

步骤 03 此时可看到数据透视表的单元格填充了不同深浅的颜色，通过颜色对比，即可快速分辨最高值和最低值了。

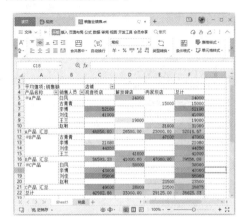

若对设置的条件格式不满意，在"开始"选项卡中单击"条件格式"下拉按钮，在弹出的下拉菜单中选择"清除规则"命令，在展开的子菜单中选择"清除整个工作表的规则"命令，即可删除添加的条件格式。

7.2.2 使用数据透视图进行分析

在大环境下，各个行业的竞争都十分激烈，销售行业更是如此，为了分析同行业的竞争是否影响产品的销量，可在数据透视表中将两者都创建为折线图，通过对比趋势来进行分析。

1. 调整数据透视图字段

要分析竞争是否对产品销量有影响，可将产品名称、日期、销售额和同行销售额等项目归纳到一个数据透视表中，具体操作如下。

步骤 01 打开"素材文件 \ 第 7 章 \ 销售业绩表 1.et"，在"数据透视表"窗格中勾选要分析的字段前的复选框。

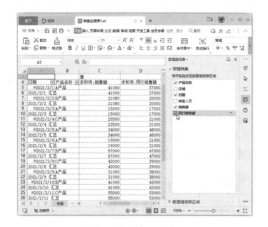

在"字段列表"中勾选字段时，显示在数据透视表中的字段是按勾选顺序从左到右显示的，而不是按字段列表中的排列顺序显示的。

步骤 02 展开"数据透视表区域"栏，调整字段的显示位置。

2. 创建折线图

创建数据透视表后，可将"销售额"和"同行销售额"创建为折线图，对比两者的趋势，若趋势相似，则说明销售额的上升和下降确实与同行的竞争有关，具体操作如下。

步骤 01 选中要对数据透视表进行数据分析的单元格区域。

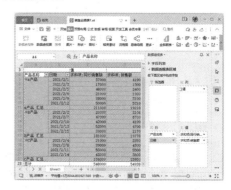

步骤 02 ❶ 切换到"插入"选项卡，❷ 单击"折线图"下拉按钮，❸ 在展开的下拉面板中选择需要的折线图样式。

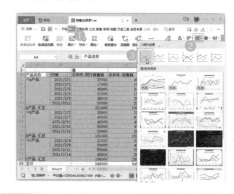

步骤 03 返回数据透视表，可看到添加折线图

显示数据的效果。

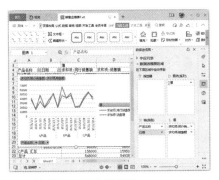

3. 按单项产品分析趋势

为了更加清晰地分析数据趋势，用户可以将暂时不需要分析的数据折线隐藏起来，只选择需要分析的数据。下面以分析"A 产品"为例，具体操作如下。

步骤 01 ❶ 单击图表中的"产品名称"下拉按钮，❷ 在展开的面板中取消勾选其他产品，只勾选"A 产品"名称前的复选框，❸ 单击"确定"按钮。

步骤 02 此时可看到图表中只显示"A 产品"的销售额和同行销售额。

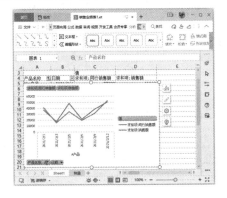

步骤 03 ❶ 选中任意一条趋势线，右击，❷ 在弹出的快捷菜单中选择"设置数据系列格式"命令。

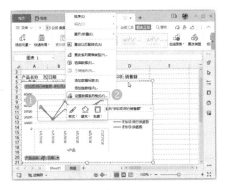

步骤 04 ❶ 在弹出的"属性"窗格中，切换到"填充与线条"选项卡，❷ 在下方切换到"标记"选项卡，❸ 选中"内置"单选按钮，并设置趋势线标记的类型、大小和颜色。

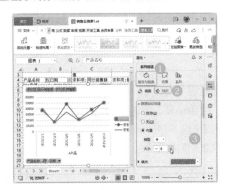

步骤 05 ❶ 切换到"线条"选项卡，❷ 选中"实线"单选按钮，❸ 在下方设置趋势线的颜色、宽度和线条类型。

步骤 06 ❶ 保持此条趋势线为选中状态，右击，❷ 在弹出的快捷菜单中选择"添加数据标签"命令。

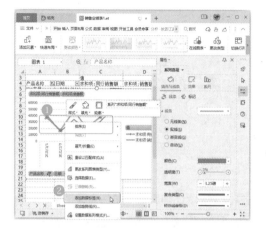

🔔 小技巧

选中趋势线后右击，可看到快捷菜单上方显示的浮动工具栏，通过浮动工具栏可以快速设置趋势线的样式和轮廓颜色。

步骤 07 ❶ 在"文本选项"组中切换到"填充与轮廓"选项卡，❷ 在"文本填充"栏中选中"纯色填充"单选按钮，❸ 单击"颜色"下拉列表框，将数据标签的颜色设置为与趋势线相似或相同的颜色。

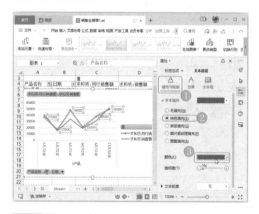

步骤 08 ❶ 保持该数据标签为选中状态，在"图表工具"选项卡中单击"添加元素"下拉按钮，❷ 在展开的下拉菜单中选择"数据标签"命令，❸ 在展开的子菜单中选择"上方"命令。

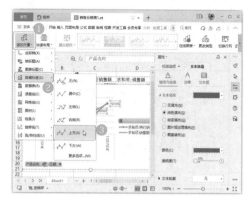

步骤 09 ❶ 选中另外一条趋势线，❷ 在"属性"窗格中切换到"填充与线条"下的"标记"选项卡，❸ 选中"内置"单选按钮，并设置该趋势线的标记类型、大小和颜色。

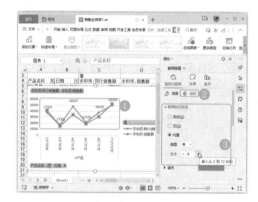

步骤 10 ❶ 保持该数据标签为选中状态，在"图表工具"选项卡中单击"添加元素"下拉按钮，❷ 在展开的下拉菜单中选择"数据标签"命令，❸ 在展开的子菜单中选择"下方"命令。

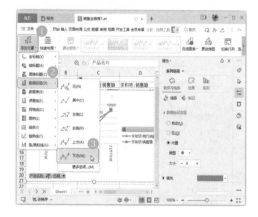

步骤 11 ❶ 选中添加的数据标签，❷ 在"属性"窗格中切换到"文本选项"组的"填充与轮廓"选项卡，❸ 在"文本填充"栏中选中"纯色填充"单选按钮，单击"颜色"下拉列表框，将数据标签的颜色设置为与趋势线相似或相同的颜色。

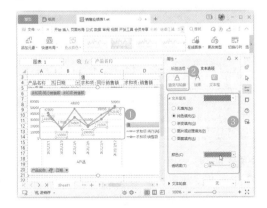

小提示

通过上述设置，可看到对"销售额"和"同行销售额"，无论是从线条的颜色和线型，还是数据标签和标记的颜色，都明确进行了区分，分析两者的趋势，可发现起伏度非常类似，说明同行之间的竞争确实对销量有影响。

步骤 12 ❶ 单击文档窗口中的"文件"下拉按钮，打开"文件"菜单，❷ 选择"文件"命令，❸ 在展开的子菜单中选择"另存为"命令。

步骤 13 ❶ 弹出"另存文件"对话框，在"文件名"文本框中输入文档名称，❷ 单击"保存"按钮保存文档。

7.2.3 使用切片器分析数据

当表格中的数据项目繁多且复杂时，利用简单的筛选功能无法满足用户的需求，而且反复执行筛选操作也十分麻烦，此时可以利用切片器功能快速简单地筛选和分析数据。

1. 插入数据透视表

要使用切片器筛选数据，首先需要创建数据透视表，操作如下。

步骤 01 ❶ 打开"素材文件\第 7 章\销售业绩表 .et"，单击文档窗口中的"文件"下拉按钮，打开"文件"菜单，❷ 选择"文件"命令，❸ 在展开的子菜单中选择"另存为"命令。

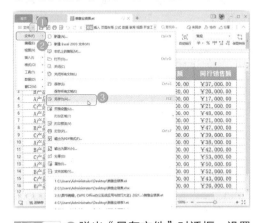

步骤 02 ❶ 弹出"另存文件"对话框，设置好文档的保存位置，❷ 单击"文件类型"下拉列表框，选择"Microsoft Excel 文件(*.xlsx)"类型，❸ 在"文件名"文本框中输入文档名称，❹ 单击"保存"按钮。

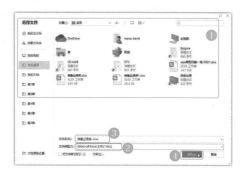

步骤 03 ❶ 切换到"插入"选项卡，❷ 单击"数据透视表"按钮。

步骤 04 弹出"创建数据透视表"对话框，单击"请选择单元格区域"单选按钮下方的折叠按钮。

步骤 05 ❶ 在返回的表格文档中，拖动

鼠标选择数据区域，❷ 再次单击折叠按钮。

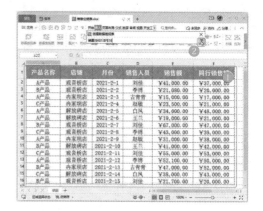

步骤 06 ❶ 返回"创建数据透视表"对话框，在"请选择放置数据透视表的位置"栏中选中"现有工作表"单选按钮，❷ 单击下方文本框右侧的折叠按钮。

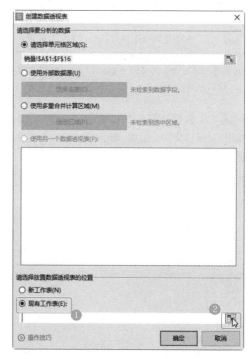

步骤 07 ❶ 在表格文档中选择数据透视表的放置位置，❷ 设置完成后单击折叠按钮。

步骤 08 返回"创建数据透视表"对话框，单击"确定"按钮。

数据更加直观地呈现出来，操作方法如下。

步骤 01 ① 在"数据透视表"窗格的"字段列表"栏中勾选需要的字段前的复选框，左侧表格文档中将同步显示数据，② 切换到"插入"选项卡，③ 单击"切片器"按钮。

步骤 02 ① 弹出"插入切片器"对话框，勾选需要分析的数据名称前的复选框，如本例勾选"店铺"字段，② 单击"确定"按钮。

🔔 **小技巧**

要使用切片器功能，必须将数据透视表保存在现有的工作表中，即数据所在的当前工作表中，否则将无法使用切片器。

2. 插入切片器分析数据

对复杂的数据表格进行数据分析时，由于项目较多，往往不能快速地将数据筛选出来，此时利用切片器功能筛选指定的项目，可以让

步骤 03 此时数据透视表右侧将显示一个名

为"店铺"的切片器，其中包含所有店铺名称。

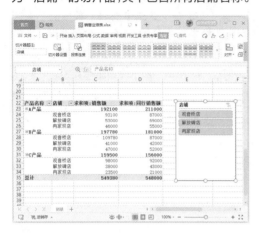

步骤 04 单击切片器中的某个店铺选项，即可在透视表中同步只显示该店铺的数据。

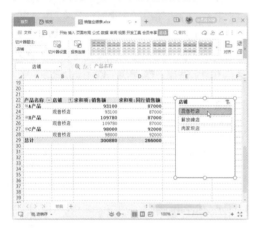

小技巧

要使用切片器功能，首先需要更改文件的保存类型，将表格文档设为"Microsoft Excel 文件（*.xlsx）"类型。

3. 清除筛选数据

使用切片器功能可以快速筛选符合条件的数据，如果要恢复筛选前的状态，可通过下面的方法清除筛选数据。

步骤 01 在表格文档中，单击切片器上方的"清除筛选器"按钮 。

步骤 02 ① 单击文档窗口中的"文件"下拉按钮，打开"文件"菜单，② 选择"文件"命令，③ 在展开的子菜单中选择"另存为"命令。

步骤 03 ① 弹出"另存文件"对话框，设置好文档的保存位置，② 在"文件名"文本框中输入文档名称，③ 单击"保存"按钮。

本章小结

本章通过 2 个综合案例，系统地讲解了 WPS 表格中图表和数据透视图的编辑方法和操作技巧。在学习本章内容时，读者要熟练掌握图表的创建、布局调整和美化操作，以及数据透视图的创建方法和操作技巧，其次还要掌握切片器的使用。

✎ 读书笔记

第8章

WPS 演示：PPT 幻灯片的编辑与设计

本章导读

　　WPS 演示文稿多被用于公司培训、产品发布、商务汇报及广告宣传等场合，其目的是帮助用户更好地进行演讲或宣传。本章以制作"员工入职培训PPT"和"产品宣传PPT"两个文档为例，介绍 WPS 演示中幻灯片的编辑和设计方法。

知识技能

　　本章相关案例及知识技能如下图所示。

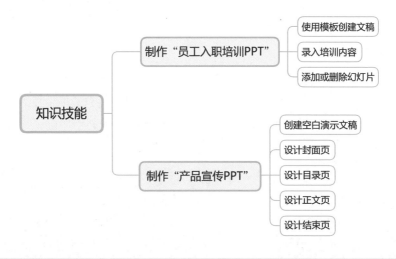

8.1 制作"员工入职培训 PPT"

案例说明

当公司有新员工入职时，为了让新人更快地融入公司这个大家庭，通常需要对其进行一些常规的培训，如了解企业文化和规章制度，了解企业的经营范围，明确各自的岗位职责等。"员工入职培训 PPT"文档制作完成后的效果如下图所示（结果文件参见：结果文件\第 8 章\员工入职培训 PPT.dps ）。

扫一扫，看视频

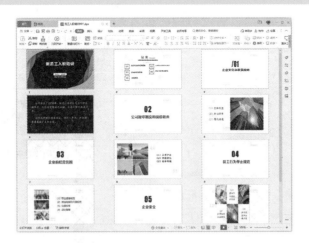

思路分析

对新员工进行培训时通常由人事部、部门主管或者专业的培训师担任演讲者，创建员工入职培训 PPT 时，为了简化操作，用户可以在 WPS 演示中选择适合该场合的模板文件，然后根据需要将模板中的内容替换为需要的内容。其具体制作思路如下图所示。

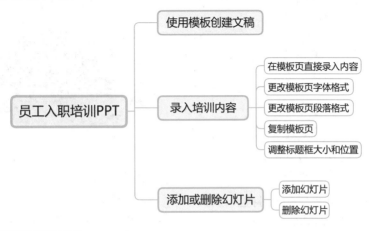

具体操作步骤及方法如下。

8.1.1 使用模板创建文稿

WPS 演示中提供了多个模板，不同的模板适合不同的场合，用户可以通过选择模板快速创建演示文稿，具体操作如下。

步骤 01 启动 WPS 2019，单击窗口上方标题栏中的＋按钮。

步骤 02 ❶打开"新建"窗口，在窗口左侧选择"新建演示"选项，❷ 在右侧单击需要的模板类别。

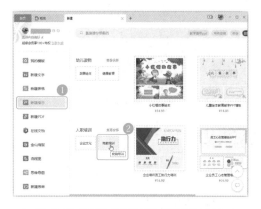

小提示

WPS 演示中提供了很多免费的模板文件供用户选择，适合多种场合。如果用户需要更加精致美观的模板，可以注册会员或者购买收费的模板文件。

步骤 03 此时窗口中的模板资料栏将显示所有符合的模板资源，单击需要的模板选项。

步骤 04 在弹出的预览窗口中，单击"免费下载"按钮。

步骤 05 此时可看到应用模板的效果，文档名称默认为"演示文稿1"，单击快速访问工具栏中的"保存"按钮。

步骤 06 ❶弹出"选择保存位置"对话框，在文本框中输入 WPS 演示文稿的名称，❷ 单击右侧的文件类型按钮，在展开的下拉列表中选择"WPS 演示 文件 (*.dps)"选项。

步骤 07 ❶ 返回"选择保存位置"对话框，设置好 WPS 演示文稿的保存位置，❷ 单击"保存至本地"按钮进行保存。

8.1.2　录入培训内容

创建演示文稿后，就可以在其中录入需要的文本内容了。

1. 在模板页直接录入内容

应用的模板中包含多个标题框，用户可以在其中直接输入需要的文本内容，也可以将不需要的标题框删除。在模板页直接录入内容的具体操作如下。

步骤 01 ❶ 打开新建的演示文稿，在左侧导航窗格中选中第一张幻灯片，❷ 在右侧的编辑区将默认的标题文本删除，输入需要的文本内容。

步骤 02 按照上一步操作方法，将第一张幻灯片中的默认文本修改为需要的文本内容，并将不需要的标题框删除。

步骤 03 ❶ 在左侧导航窗格中选中第二张幻灯片，❷ 本例设置 5 条目录，因此这里需要添加一条目录，在编辑区中选中某个目录序号框，按下 Ctrl+C 组合键复制序号框。

步骤 04 按下 Ctrl+V 组合键将其粘贴到幻灯片中，通过鼠标或者方向键移动序号框的位置。

步骤 05 按照上一步操作方法调整其他目录项的文本框位置，并修改为需要的内容。

步骤 06 在左侧导航窗格中选中第 3 张幻灯片。

步骤 07 按照前面的操作方法修改文本内容。

2. 更改模板页字体格式

模板文件中包含许多样式，如果用户觉得模板页中的文本格式需要修改，可通过下面的方法实现。

步骤 01 ❶ 在左侧导航窗格中选中第 4 张幻灯片，❷ 在右侧编辑区中输入需要的文本内容并将其选中，右击，❸ 在弹出的快捷菜单中选择"字体"命令。

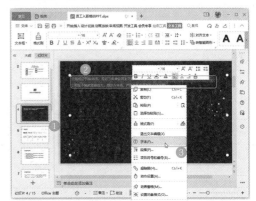

步骤 02 ❶ 弹出"字体"对话框，在"字体"选项卡中设置需要的文本字体、字号和字体颜色，❷ 设置完成后单击"确定"按钮。

3. 更改模板页段落格式

模板文件中的文本应用了段落格式，如果用户觉得模板页中的段落太紧凑，可以手动调整段落格式，具体操作如下。

步骤 01 ❶ 选中幻灯片中的文本，右击，❷ 在弹出的快捷菜单中选择"段落"命令。

步骤 02 ❶ 弹出"段落"对话框，在"缩进和间距"选项卡的"常规"栏中设置段落的对齐方式，❷ 在"缩进"栏中设置段落的缩进方式，本例设为"首行缩进"，"度量值"设为 2 厘米，❸ 在"间距"栏中设置段前和段后的行间距，❹ 设置完成后单击"确定"按钮。

4. 复制模板页

在演示文稿制作过程中，经常遇到幻灯片样式相同，只是文本内容不同的情况，此时通过复制操作可以节省重复设置格式的麻烦，具体操作如下。

步骤 01 在左侧导航窗格中选中要复制的幻灯片，单击"复制"按钮。

步骤 02 ❶ 将鼠标定位在要插入幻灯片的位置，右击，❷ 在弹出的快捷菜单中选择"粘贴"命令。

5. 调整标题框大小和位置

复制模板页后，通常需要更改幻灯片中的内容。输入新的内容后，标题框中的文本将自动调整显示位置，若内容太多而覆盖了其他内容，可手动调整标题框的大小和位置，具体操作如下。

步骤 01 在复制粘贴的模板页中输入需要的文本内容，此时可看到因内容太多而影响了其他内容，将鼠标指针指向标题框，当指针变为双向箭头后按下鼠标左键进行拖动，可调整标题框的大小。

步骤 02 若要调整标题框的位置，可选中标题框，将鼠标指针指向标题框四周，当指针变为箭头形状时按下鼠标左键，此时即可移动标题框，移动到合适位置释放鼠标左键即可。

步骤 03 按照前面的操作方法继续编辑其他幻灯片的内容。

小提示

　　WPS 演示中提供的模板文件中不仅包含纯文本幻灯片的版式，也包含含有图片、文本框等多种对象的幻灯片版式，如果用户对模板文件的图片不满意，可以将其更换为需要的图片。

8.1.3 添加或删除幻灯片

　　无论是模板文件还是新建演示文稿，幻灯片的数量往往都无法满足需求，用户可以根据需要自定义添加或删除幻灯片。

1. 添加幻灯片

　　当演示文稿中的幻灯片数量不足时，用户可以自定义添加幻灯片，具体操作如下。

步骤 01 将鼠标指针指向要在其后添加幻灯片的某张幻灯片，单击浮现出的"新建幻灯片"按钮。

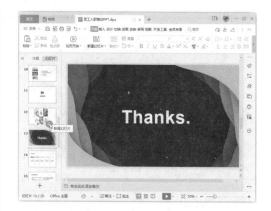

小技巧

　　在左侧导航窗格中选中要在其后执行添加操作的幻灯片，在"开始"选项卡中单击"新建幻灯片"下拉按钮，也可添加幻灯片。

步骤 02 在显示的"新建幻灯片"窗口中，单击需要的模板页。

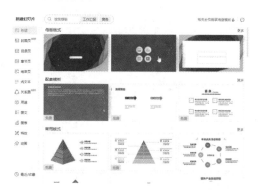

步骤 03 在返回的演示文稿中即可看到基于所选模板页创建的新幻灯片。

2．删除幻灯片

如果不需要某张幻灯片，可以将其删除，具体操作如下。

步骤 01 ❶ 在左侧导航窗格中选中要删除的幻灯片，右击，❷ 在弹出的快捷菜单中选择"删除幻灯片"命令。

步骤 02 在返回的演示文稿中可看到选中的幻灯片已被删除。

🔔 **小技巧**

在左侧导航窗格中选中某张幻灯片，按下 Del 键，可快速删除此幻灯片。

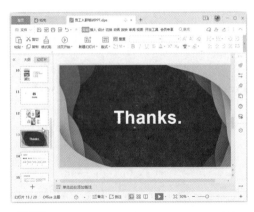

步骤 03 按照前面的操作方法继续删除其他不需要的幻灯片，设置完成后按下 Ctrl+S 组合键，即可保存演示文稿。

8.2 制作"产品宣传 PPT"

案例说明

为了更好地向客户宣传和推广产品，通常需要制作一份类似宣传手册之类的演示文稿，这类文档通常包含公司简介、产品内容及功能等常见的内容信息。"产品宣传 PPT"文档制作完成后的效果如下图所示（结果文件参见：结果文件\第 8 章\产品宣传 PPT.pptx）。

扫一扫，看视频

思路分析

　　WPS 演示中提供了多种模板样式，如果用户想要创建具有自己风格的 PPT，首先可以创建一份空白的演示文稿，接着自定义设计产品宣传 PPT 的封面页、目录页、正文页和结束页，在制作过程中既可以创建纯文本样式的幻灯片，也可以在幻灯片中插入图片、文本框、形状等对象，并根据需要为插入的对象进行裁剪和添加效果。其具体制作思路如下图所示。

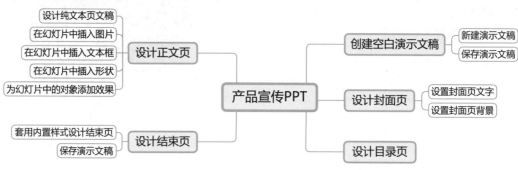

　　具体操作步骤及方法如下。

8.2.1　创建空白演示文稿

　　如果想要制作一份别具一格的演示文稿，可以通过创建空白幻灯片，然后自定义设计的方式实现。

1. 新建演示文稿

　　要使用 WPS 制作 PPT，首先需要创建一份演示文稿，创建空白演示文稿的方法如下。

　步骤 01 启动 WPS，在打开的程序窗口中，单击窗口上方标题栏中的＋按钮。

　步骤 02 ❶ 打开"新建"窗口，在窗口左侧

选择"新建演示"选项，❷ 在右侧窗口中，可看到"新建空白演示"按钮中显示了三种颜色按钮，单击不同的按钮可创建不同颜色背景的空白演示文稿，本例单击"白色"按钮。

2. 保存演示文稿

通过前面的方法创建演示文稿后，可看到以白色背景显示的文档效果，用户可以先保存文件，再执行后续设计操作，方法如下。

步骤 01 在程序窗口中，单击快速访问工具栏中的"保存"按钮 。

步骤 02 ❶ 弹出"选择保存位置"对话框，在文本框中输入 WPS 演示文稿的名称，❷ 单击右侧的文件类型按钮，在展开的下拉列表中选择"WPS 演示 文件 (*.dps)"选项。

步骤 03 ❶ 返回"选择保存位置"对话框，设置好 WPS 演示文稿的保存位置，❷ 单击"保存至本地"按钮进行保存。

步骤 04 在返回的演示文稿中，可看到标签栏中的文档名称已发生变化。

8.2.2 设计封面页

完成演示文稿的创建和保存后，就可以进行内容的编辑了，首先需要设计封面页，封面页非常重要，要起到点睛之笔的效果。本例在封面页中突出显示宣传产品的名称，并为封面页设计一个带图片背景的效果。

1. 设置封面页文字

封面页是顾客第一眼看到的东西，为了加深顾客对产品的印象，这一页通常会言简意赅地显示产品名称，内容尽可能简单明了。设置封面页文字的方法如下。

步骤 01 打开"素材文件 \ 第 8 章 \ 产品宣传 PPT.dps"，在第一张幻灯片中选中标题框，在其中输入需要的文本内容。

步骤 02 如果不需要其他标题，可选中副标题框，按下 Del 键将其删除。

步骤 03 选中文本内容所在的标题框，根据前面所学的操作方法，调整标题框的大小和位置。

步骤 04 选中文本，在"文本工具"选项卡中可设置文本的字体、字号和字体颜色。

2. 设置封面页背景

只有寥寥数字的幻灯片难免会让人感觉枯燥，此时可为幻灯片添加一个背景。以设计图片背景为例，为封面页添加背景的方法如下。

步骤 01 ❶ 在演示文稿中切换到"设计"选项卡，❷ 单击"背景"下拉按钮，❸ 在展开的下拉面板中选择"背景"命令。

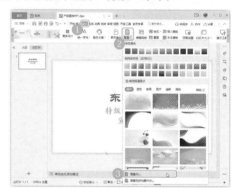

步骤 02 ❶ 程序窗口右侧将显示"对象属性"窗格，在"填充"栏中选中"图片或纹理填充"单选按钮，❷ 单击"图片填充"下拉列表框，选择"本地文件"选项。

步骤 03 ❶ 弹出"选择纹理"对话框，选中要设为背景的图片文件，❷ 单击"打开"按钮。

步骤 04 在返回的演示文稿中，可看到添加背景图片的效果，此时可看到背景图片和文字的颜色相近，会影响文本的显示效果。

步骤 05 ❶ 在"对象属性"窗格中，拖动"透明度"选项的滑块，调整背景图片的透明程度，❷ 单击"放置方式"下拉列表框，选择"拉伸"选项，可以看到设计后的背景效果。

8.2.3　设计目录页

封面页设计完成后，接着显示的是目录页。WPS 内置了多种目录页版式，用户可以自定义设计，也可以套用内置样式快速创建。下面以套用内置目录页版式为例，介绍设计目录页的具体操作。

步骤 01 ❶ 在"开始"选项卡中单击"版式"下拉按钮，❷ 在弹出的下拉面板中切换到"母版版式"选项卡，❸ 将鼠标指针指向需要的目录页版式，此时版式右下角将显示"插入"按钮，单击该按钮。

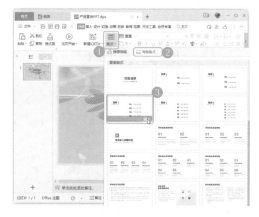

步骤 02 此时可看到左侧导航窗格中新建了一张目录页幻灯片，右侧编辑区中可看到目录页的样式效果。

步骤 03 将目录页中默认的文本删除，输入需要的文本内容。

步骤 04 ① 选中文本，② 切换到"文本工具"选项卡，③ 根据需要设置目录页文本的字体、字号和字体颜色。

8.2.4 设计正文页

当封面页和目录页设计完成后，接着就要设计演示文稿的正文页了，正文页可能是纯文本幻灯片，也可能包含图片、形状、文本框等多种对象。

1. 设计纯文本页文稿

如果需要设计一张纯文本内容的演示文稿，可通过下面的方法实现。

步骤 01 ① 在左侧导航窗格中选中要在后面插入新幻灯片的幻灯片，右击，② 在弹出的快捷菜单中选择"新建幻灯片"命令。

步骤 02 ① 选中新建的空白幻灯片，右击，② 在弹出的快捷菜单中选择"版式"命令，③ 在展开的子菜单中切换到"母版版式"选项卡，④ 单击需要的幻灯片版式。

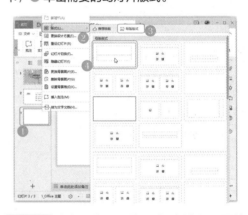

步骤 03 在标题框和副标题框中输入需要的文本内容。

步骤 04 根据需要设置标题框和副标题框中的字体格式。

2. 在幻灯片中插入图片

为了让幻灯片的效果更加美观，仅仅设计纯文本页面是不够的，用户还可以在幻灯片中添加漂亮的图片，具体操作如下。

步骤 01 ❶ 在左侧导航窗格中选中刚才添加的幻灯片，右击，❷ 在弹出的快捷菜单中选择"新建幻灯片"命令。

步骤 02 在新建幻灯片的标题框中，输入需要的文本内容。

步骤 03 单击副标题框中的"插入图片"按钮。

步骤 04 ❶ 弹出"插入图片"对话框，选中要插入幻灯片中的图片文件，❷ 单击"打开"按钮。

步骤 05 在返回的幻灯片中可看到插入图片后的效果。

🔔 **小提示**

如果新建的幻灯片中没有"插入图片"按钮，用户可切换到"插入"选项卡，单击"图片"按钮插入图片。

步骤 06 如果对插入的图片的大小和形状不满意，可以将其裁剪为需要的形状，方法是：❶ 选中插入的图片，❷ 在"图片工具"选项卡中单击"裁剪"下拉按钮，❸ 在弹出的下拉菜单中选择"裁剪"命令，❹ 在展开的面板中选择需要裁剪的形状。

步骤 07 此时图片边框上将出现黑色竖线，将鼠标指针指向某条黑色竖线，按住鼠标左键进行拖动，拖动到合适位置后释放鼠标左键。

步骤 08 裁剪到合适大小后，单击文档任意位置，或者按下 Enter 键，演示文稿中的图片即可显示为裁剪后的效果。

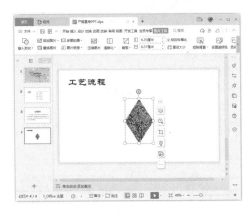

步骤 09 保持图片为选中状态，当鼠标指针变为形状时按下鼠标左键，将图片拖动到合适位置后释放鼠标左键，即可调整图片的位置。

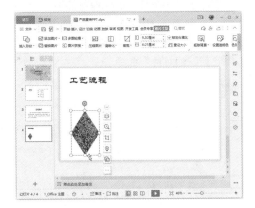

步骤 10 ❶ 按照前面的操作方法继续添加其他图片，添加完成后选中多张图片，❷ 切换到"图片工具"选项卡，❸ 在"形状高度"微调框中输入数值，即可将所选的多张图片设置为统一高度。

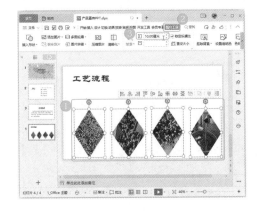

小技巧

在幻灯片中选中一张图片后，按下 Shift 键或 Ctrl 键不放，继续单击其他图片，可一次性选中多张图片。

3. 在幻灯片中插入文本框

如果需要插入更多的文本内容，可通过插入文本框的方式实现，使用文本框可以方便用户快速调整文本的显示位置，方法如下。

步骤 01 ❶ 切换到"插入"选项卡，❷ 单击"文本框"下拉按钮，❸ 在弹出的下拉面板中选择"横向文本框"命令。

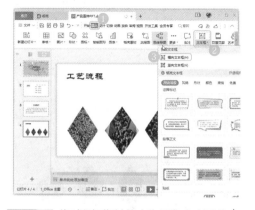

步骤 02 此时鼠标指针将变为黑色十字形状＋，在合适的位置按下鼠标左键并进行拖动，当拖动到合适大小后释放鼠标左键，即可绘制出一个文本框。

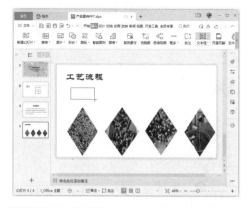

步骤 03 在绘制的文本框中输入需要的文本内容。

4. 在幻灯片中插入形状

在幻灯片中可以插入多种对象，形状就是其中之一。下面以绘制箭头为例，介绍在幻灯片中插入形状的方法。

步骤 01 ❶ 切换到"插入"选项卡，❷ 单击"形状"下拉按钮，❸ 在弹出的下拉面板中单击需要的箭头样式。

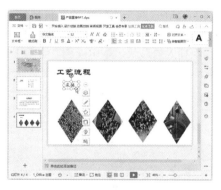

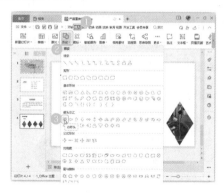

步骤 02 此时鼠标指针变为黑色十字形状＋，在合适的位置按下鼠标左键并进行拖动，当拖动到合适大小后释放鼠标左键，即可绘制出一个所选样式的箭头。

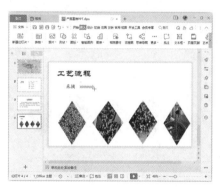

步骤 03 WPS 演示中默认的形状颜色为蓝色，用户可根据需要更改形状颜色，方法是：① 选中插入的形状，② 切换到"绘图工具"选项卡，③ 在样式库中单击需要的形状样式。

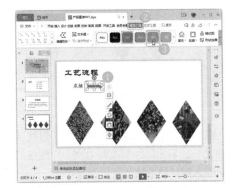

步骤 04 ① 按照前面的操作方法继续插入文本框和形状，按住 Ctrl 键选中插入的多个文本框和形状，② 在"绘图工具"选项卡中单击"组合"下拉按钮，③ 在弹出的下拉菜单中选择"组合"命令。

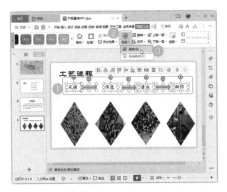

步骤 05 返回演示文稿，可看到插入的多个文本框和形状组合在一起后的效果。

小提示

样式库中的样式不仅包含形状、颜色，还包含轮廓的颜色，如果需要单独设置填充颜色和轮廓颜色，可分别单击"绘图工具"选项卡中的"填充"和"轮廓"下拉按钮进行设置。

5. 为幻灯片中的对象添加效果

为了让插入的对象更加美观，用户可以为对象添加效果，WPS 演示中提供了多种效果供用户选择。下面在新建的幻灯片中为图片添加"柔化边缘"和"发光"效果，具体操作方法如下。

步骤 01 ① 在左侧导航窗格中选中要添加幻灯片的位置，右击，② 在弹出的快捷菜单中选择"新建幻灯片"命令。

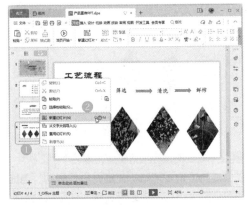

步骤 02 ① 选中插入的新幻灯片，② 在副标题框中单击"插入图片"按钮。

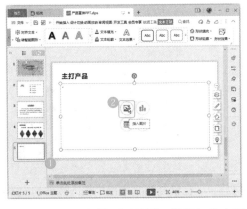

步骤 03 ① 弹出"插入图片"对话框，选中要

插入幻灯片中的图片文件，❷ 单击"打开"按钮。

步骤 04　❶ 选中插入的图片，❷ 在"图片工具"选项卡中单击"效果"下拉按钮，❸ 在弹出的下拉菜单中选择"柔化边缘"命令，❹ 在展开的子菜单中选择需要的柔化值。

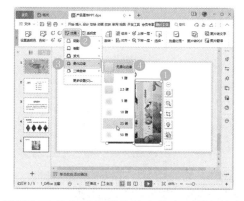

步骤 05　❶ 保持图片为选中状态，再次单击"效果"下拉按钮，❷ 在弹出的下拉菜单中选择"发光"命令，❸ 在展开的面板中选择需要的发光变体样式。

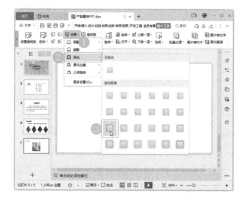

步骤 06　为了和前面幻灯片中的图片样式保持

统一，这里也可将图片裁剪为形状样式，方法是：❶ 保持图片为选中状态，单击"裁剪"下拉按钮，❷ 在弹出的下拉菜单中选择"裁剪"命令，❸ 在展开的面板中选择需要的形状。

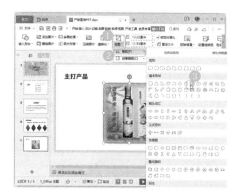

步骤 07　此时图片边框上将出现黑色竖线，将鼠标指针指向某条黑色竖线，按住鼠标左键进行拖动，拖动到合适位置后释放鼠标左键。

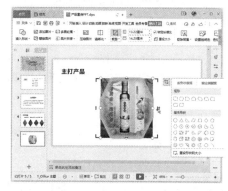

步骤 08　裁剪到合适大小后，单击文档任意位置，或者按下 Enter 键，图片即可显示为裁剪后的效果。

步骤 09 按照前面的操作方法继续设计其他正文页内容。

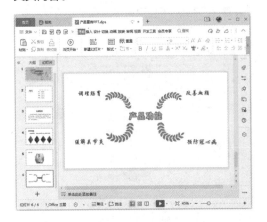

8.2.5 设计结束页

设计演示文稿时要有始有终，既然有封面页，那相对地就要设计结束页，同样，设计结束页时既可以套用内置样式，也可以手动自定义设计。

1. 套用内置样式设计结束页

下面通过套用内置的纯文本模板样式来设计结束页，具体操作如下。

步骤 01 ① 在左侧导航窗格中选中最后一张幻灯片，② 在"开始"选项卡中单击"新建幻灯片"按钮。

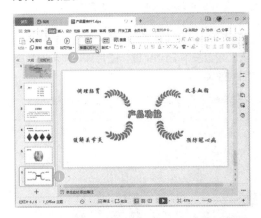

步骤 02 ① 弹出"新建幻灯片"窗口，在左侧列表中选择"纯文本"选项，② 在右侧单击需要的模板样式。

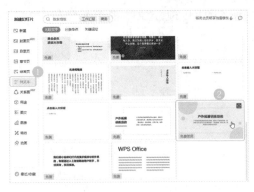

步骤 03 返回演示文稿，可看到套用内置模板样式的效果。

步骤 04 将幻灯片中不需要的标题框删除，将文本框中的文本修改为需要的内容。

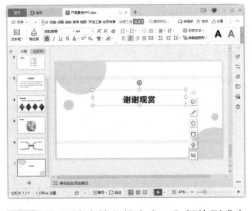

步骤 05 ① 选中输入的文本，② 切换到"文本工具"选项卡，③ 根据需要设置文本的字体、字号和字体颜色。

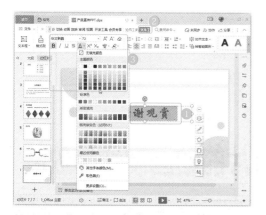

步骤 06 在返回的演示文稿中可看到结束页的效果。

2. 保存演示文稿

由于演示文稿中设计了填充颜色、背景及图片效果等元素，若使用 DPT 类型的文档格式继续保存文档，有可能导致数据丢失，此时用户可以将其保存为 PPTX 文件类型，具体操作如下。

步骤 01 ❶单击文档窗口中的"文件"下拉按钮，打开"文件"菜单，❷选择"文件"命令，❸在展开的子菜单中选择"另存为"命令。

步骤 02 ❶弹出"另存文件"对话框，设置好文档的保存位置，❷单击"文件类型"下拉列表框，选择"Microsoft PowerPoint 文件 (*.pptx)"选项，❸单击"保存"按钮。

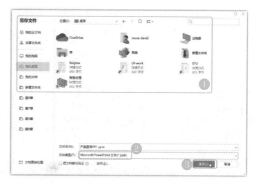

本章小结

本章通过 2 个综合案例，系统地讲解了 WPS 演示中演示文稿的创建和保存，文本、图片、文本框、形状等内容的插入和编辑等知识。学习本章内容时，读者要熟练掌握空白演示文稿和基于模板的演示文稿的创建和保存操作，以及幻灯片中对象的插入和编辑技巧，其次要掌握添加和删除幻灯片的方法。

第9章

WPS 演示：PPT 幻灯片的动画制作与放映

本章导读

　　使用演示文稿在各类会议或演讲中进行演示时，为幻灯片添加动画效果可以使演讲内容更具吸引力，显示效果也更加丰富。本章以制作"活动策划书"和"年度工作报告"两个文档为例，介绍在 WPS 演示中进行幻灯片动画制作和放映的操作方法和应用技巧。

知识技能

　　本章相关案例及知识技能如下图所示。

```
知识技能 ┬─ 制作"活动策划书" ┬─ 设置幻灯片切换效果
        │                  ├─ 为对象添加进入效果
        │                  ├─ 为对象添加强调动画效果
        │                  └─ 播放演示文稿
        │
        └─ 制作"年度工作报告" ┬─ 设置备注帮助演讲
                            ├─ 为对象设置路径动画
                            ├─ 为对象设置交互效果
                            └─ 幻灯片放映
```

9.1 | 制作"活动策划书"

案例说明

　　活动策划书是行政部或者销售部常用的一种演示文稿，通过为幻灯片设置动画效果，可以在放映时让演讲内容看起来更加生动形象。"活动策划书"文档制作完成后的效果如下图所示（结果文件参见：结果文件\第 9 章\活动策划书 .pptx）。

扫一扫，看视频

思路分析

　　公司行政人员在制作活动策划书时，编辑好正文内容后，可以为不同的幻灯片设置丰富的切换效果，接着为幻灯片中的对象设置进入、强调、退出等动画效果，从而增加演示文稿的美观度和观赏性。其具体制作思路如下图所示。

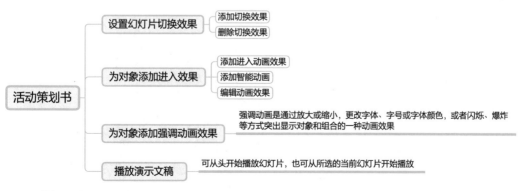

　　具体操作步骤及方法如下。

9.1.1 设置幻灯片切换效果

在播放幻灯片时，从上一张幻灯片消失，到下一张幻灯片显示出来，两张幻灯片转换的过程即为幻灯片的切换效果。

1. 添加切换效果

放映演示文稿时，为了让幻灯片的切换更加生动，用户可根据需要为幻灯片添加切换效果，具体操作如下。

步骤 01 ❶ 打开"素材文件 \ 第 9 章 \ 活动策划书 .pptx"，在左侧导航窗格中选中第二张幻灯片，❷ 切换到"切换"选项卡，❸ 单击"切换效果"下拉按钮。

步骤 02 在弹出的下拉面板中单击需要的切换效果。

步骤 03 ❶ 单击"效果选项"下拉按钮，❷ 在弹出的下拉菜单中选择需要的切换效果方式。

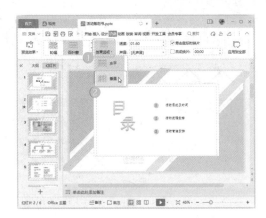

步骤 04 单击"速度"微调按钮，设置幻灯片的速度。

步骤 05 ❶ 单击"声音"下拉列表框，❷ 选择需要的幻灯片切换声音效果。

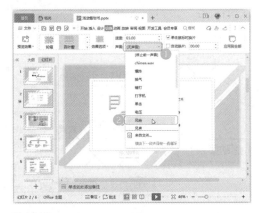

步骤 06 按照前面的操作方法继续为其他幻灯片设置切换效果。

2. 删除切换效果

设置切换效果后，如果觉得没有必要，可以将设置的切换效果删除，具体操作如下。

步骤 01 ❶ 选中要删除切换效果的幻灯片，❷ 切换到"切换"选项卡，❸ 单击"切换效果"下拉按钮。

步骤 02 在弹出的下拉面板中选择"无切换"选项。

步骤 03 添加动画或切换效果后，左侧导航窗格中的幻灯片左侧将会显示"播放动画"图标 ★，

执行上一步操作后可看到该幻灯片左侧的图标消失了，说明该幻灯片的切换效果已被删除。

步骤 04 在左侧导航窗格中保持已删除切换效果的幻灯片为选中状态，在"切换"选项卡中单击"应用到全部"按钮。

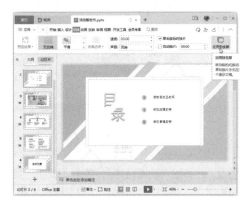

步骤 05 此时可看到左侧导航窗格中所有幻灯片左侧的"播放动画"图标 ★ 都消失了，说明所有幻灯片中的切换效果都已被删除。

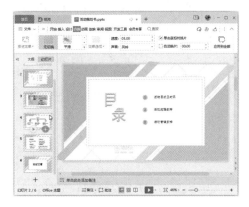

9.1.2 为对象添加进入效果

演讲者进行演讲时，一张幻灯片中通常会包含多个对象，为了满足演讲需求，可以通过添加进入效果设置对象在不同的时间进入屏幕，即为对象设置一个从无到有的过程。

1. 添加进入动画效果

WPS 演示内置了多种进入动画效果，用户可根据需要为对象设置不同的进入动画效果，具体操作如下。

步骤 01 ❶ 在幻灯片中选中要添加进入效果的对象，❷ 切换到"动画"选项卡，❸ 单击"动画窗格"按钮。

步骤 02 弹出"动画窗格"，单击"添加效果"按钮。

步骤 03 在展开的面板中单击需要的进入动画效果。

步骤 04 按照前面的操作方法继续为幻灯片中的其他对象添加进入动画效果。

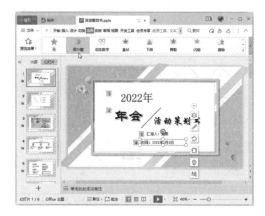

2. 添加智能动画

一张幻灯片中通常包含多个对象，如果觉得逐个添加动画效果十分麻烦，可以通过智能动画为该幻灯片中的所有对象快速添加同样的动画效果，具体操作如下。

步骤 01 ❶ 选中要添加智能动画的幻灯片中的文本框，❷ 切换到"动画"选项卡，❸ 单击"智能动画"按钮。

小提示

　　智能动画通常用来为一张幻灯片中的所有对象设置统一的动画效果，多用于一张幻灯片中包含多个图片或者多个文本框的情况。若要为不同的对象设置不同的动画效果，建议手动设置。

步骤 02 在显示的"智能动画"窗口中单击需要的智能动画样式。

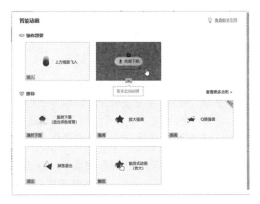

3. 编辑动画效果

　　如果需要更改动画的显示效果，可以手动编辑，例如将默认的"盒状"进入动画更改为从内向外显示，并更改显示速度，然后为动画添加进入声音，具体操作如下。

步骤 01 ❶ 选中添加了"盒状"进入动画的文本框，❷ 在"动画"选项卡中单击"动画窗格"按钮。

步骤 02 ❶ 在弹出的"动画窗格"中单击"方向"下拉列表框，❷ 选择"外"选项。

步骤 03 单击"速度"下拉列表框，选择需要的动画显示速度。

步骤 04 ❶ 在"动画窗格"中单击所选对象右侧的下拉按钮，❷ 在弹出的下拉菜单中选择"效果选项"命令。

步骤 05 ❶ 弹出"缩放"对话框，在"效果"选项卡中单击"缩放"下拉列表框，❷ 选择需要的缩放方式。

步骤 06 ❶ 单击"声音"下拉列表框，❷ 选择需要的进入动画声音效果。

步骤 07 ❶ 单击右侧的"音量"按钮，❷ 通过移动滑块调整动画效果的音量。

步骤 08 ❶ 单击"动画播放后"下拉列表框，❷ 在下拉面板中选择动画播放后文本的显示效果。

小技巧

若希望动画播放前后字体颜色一致，选择"不变暗"选项；若希望播放前后字体颜色不一致，选择与原字体不同的颜色；若希望播放动画后文本消失，选择"播放动画后隐藏"选项。

步骤 09 ❶ 切换到"计时"选项卡，❷ 设置进入动画效果的显示速度，❸ 设置完成后单击"确定"按钮。

步骤 10　返回"动画窗格"，单击"播放"按钮即可播放该幻灯片，查看动画效果。

9.1.3　为对象添加强调动画效果

强调动画是通过放大或缩小，更改字体、字号或字体颜色，或者闪烁、爆炸等方式突出显示对象和组合的一种动画效果，设置方法如下。

步骤 01　❶ 在幻灯片中选中要添加强调动画的一个或多个对象，❷ 单击"动画窗格"按钮。

步骤 02　弹出"动画窗格"，单击"添加效果"按钮。

步骤 03　在弹出的下拉面板中，选择需要设置的强调动画效果，本例选择"更改字体颜色"选项。

步骤 04 在"动画窗格"中单击"开始"下拉列表框，选择动画效果开始的触发点。

步骤 06 单击"速度"下拉列表框，选择动画效果的显示速度。

步骤 05 单击"字体颜色"下拉列表框，选择动画效果触发后的字体颜色。

步骤 07 设置完成后，单击"播放"按钮可查看动画效果。

9.1.4　播放演示文稿

按照前面的操作方法继续添加动画效果，设置完成后可播放演示文稿预览演讲效果，具体操作如下。

步骤 01 ❶ 单击状态栏中的"从当前幻灯片开始播放"按钮▶右侧的下拉按钮，❷ 在弹出的下拉菜单中选择"从头开始"命令。

🔔 小技巧

在 WPS 演示窗口中切换到"放映"选项卡，单击"从头开始"按钮，也可从第一张幻灯片开始放映演示文稿。

步骤 02 此时演示文稿将以全屏方式从第一张幻灯片开始播放。

步骤 03 浏览过程中或者浏览完成后，按下 Esc 键可退出全屏状态，若不需要修改，单击快速访问工具栏中的"保存"按钮即可。

9.2　制作"年度工作报告"

👤 案例说明

年底或者年初，企业高层为了了解员工这一年的工作情况，经常会要求主管人员进行年度工作汇报，汇报内容一般包含工作内容、完成情况及新的一年的工作计划等。"年度工作报告"文档制作完成后的效果如下图所示（结果文件参见：结果文件 \ 第 9 章 \ 年度工作报告 .pptx）。

扫一扫，看视频

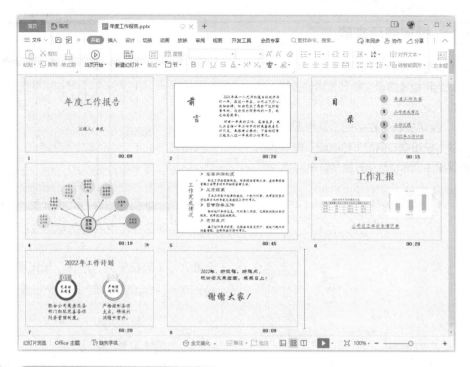

思路分析

　　员工在制作年度工作报告演讲稿时，首先可能遇到需要添加备注内容帮助演讲的情况，其次可以为幻灯片中的对象添加动画效果，增加美观度，为了让报告更具有说服力，还可以通过添加超链接设置交互文件配合汇报，演示文稿制作完成后，通过进行放映设置后输出演示文稿，就可以在其他设备上使用了。其具体制作思路如下图所示。

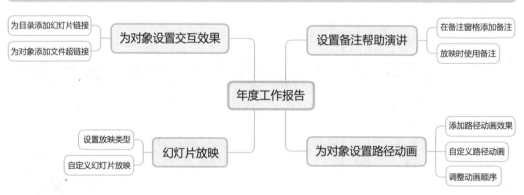

具体操作步骤及方法如下。

9.2.1　设置备注帮助演讲

制作演示文稿时，幻灯片中用来输入必要的内容，其他内容可以添加到备注中，帮助用户进行演讲。

1. 在备注窗格添加备注

为幻灯片添加备注时，最便捷的方法是直接在备注窗格中进行添加，具体操作如下。

步骤 01 ❶ 打开"素材文件＼第 9 章＼年度工作报告 .pptx"，在左侧导航窗格中选中要添加备注的幻灯片，❷ 单击编辑区下方的备注窗格。

步骤 02 此时备注窗格处于可编辑状态，在其中输入需要的备注内容即可。

2. 放映时使用备注

默认情况下，播放幻灯片时不会显示备注内容，若要在放映时显示备注，操作如下。

步骤 01 单击状态栏中的"从当前幻灯片开始播放"按钮▶。

步骤 02 此时将进入幻灯片放映状态，全屏显示该幻灯片，右击幻灯片任意位置。

步骤 03 在弹出的快捷菜单中选择"演讲备注"命令。

步骤 04 在弹出的"演讲者备注"对话框中可看到备注内容，单击"确定"按钮可关闭该对话框。

方，单击需要的动作路径选项。

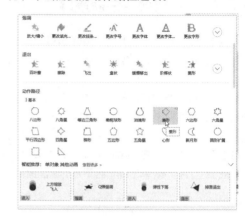

9.2.2 为对象设置路径动画

让对象按照绘制的路径进行运动的动画效果称为路径动画。在 WPS 演示中，用户既可以选择内置的路径动画样式，也可以自定义绘制动画运动的路径。

1. 添加路径动画效果

WPS 演示中内置了多种路径动画效果，用户可以直接应用，具体操作如下。

步骤 01 按照前面的操作方法为幻灯片中的对象添加动画效果。

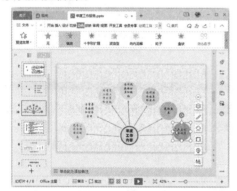

步骤 02 ❶ 选中要添加路径动画效果的对象，❷ 单击"动画效果"下拉列表框。

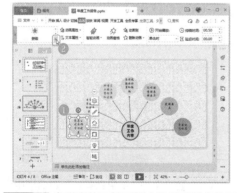

步骤 03 在弹出的下拉面板中拖动滚动条到下

步骤 04 保持所选对象为选中状态，在"持续时间"微调框中设置路径动画的显示时间。

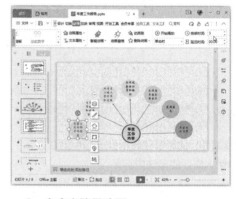

2. 自定义路径动画

若对内置的动作路径不满意，用户还可以自定义设置路径动画的运动轨迹，操作如下。

步骤 01 ❶ 选中要自定义设置路径动画的对象，❷ 单击"动画效果"下拉列表框。

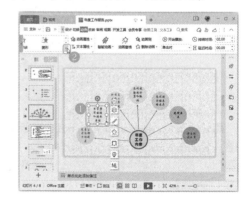

步骤 02 在弹出的下拉面板中拖动滚动条到下方，在"绘制自定义路径"栏中单击需要的路径选项，本例选择"自由曲线"选项。

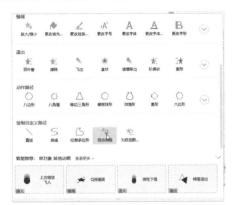

步骤 03 此时鼠标指针变为铅笔形状 ✎，在幻灯片中自定义绘制路径动画的运动轨迹。

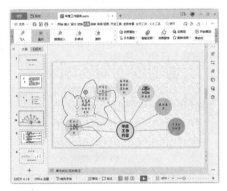

步骤 04 绘制完成后，按下 Esc 键即可退出绘制状态。

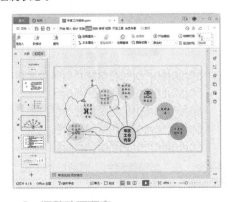

3. 调整动画顺序

设置好动画效果后，可打开"动画窗格"

查看幻灯片中各对象的动画效果播放顺序，若需要调整对象的动画顺序，具体操作如下。

步骤 01 打开"动画窗格"，在列表框中选中刚才添加了路径动画的"椭圆 1"对象，按下鼠标左键，将其拖动到列表框最上方。

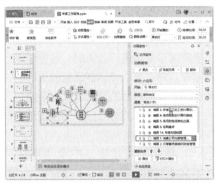

步骤 02 此时在"动画窗格"的列表框中可看到所选对象的播放顺序由原本的第 6 位变为第 1 位。

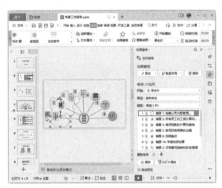

步骤 03 按照前面的操作方法将自定义路径动画的对象"椭圆 2"拖动到对象"椭圆 1"的下方。

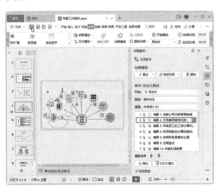

9.2.3 为对象设置交互效果

编辑演示文稿时，有时需要在放映时从幻灯片的某个位置跳转到其他幻灯片中，或者通过单击某个对象跳转到其他应用程序，此时可以通过设置超链接实现交互效果。

1. 为目录添加幻灯片链接

使用演示文稿进行演讲时，经常会遇到需要在目录页单击某个标题然后直接跳转到该标题所在的正文幻灯片的情况，此时可通过为目录页中的对象添加幻灯片交互链接实现，具体操作如下。

步骤 01 ❶ 在幻灯片中选中要添加交互幻灯片的文本对象，❷ 切换到"插入"选项卡，❸ 单击"超链接"下拉按钮，❹ 在弹出的下拉菜单中选择"文本档幻灯片页"命令。

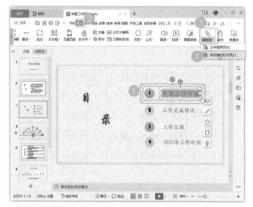

步骤 02 ❶ 弹出"插入超链接"对话框，在"请选择文档中的位置"列表框中选中要链接到的幻灯片，❷ 单击"确定"按钮。

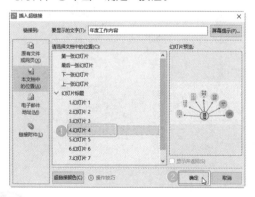

步骤 03 在 WPS 演示文稿中，为文本添加超链接后，默认的超链接颜色为蓝色，若要更改超链接或者已访问超链接的颜色，可在"插入超链接"对话框中单击"超链接颜色"按钮。

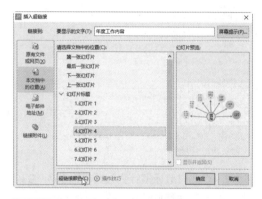

步骤 04 ❶ 弹出"超链接颜色"对话框，单击需要更改的选项，本例单击"已访问超链接颜色"下拉列表框，❷ 在展开的下拉面板中选择"红色"选项。

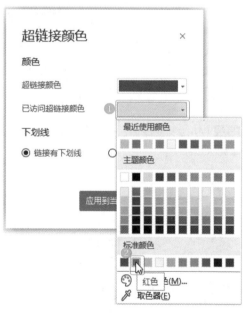

步骤 05 在"超链接颜色"对话框中单击"应用到全部"按钮。

超链接颜色　×

颜色

超链接颜色

已访问超链接颜色

下划线

● 链接有下划线　　○ 链接无下划线

应用到当前　　应用到全部

🔔 小技巧

　　默认情况下，在 WPS 演示文稿中添加超链接后，链接下方将显示下划线，若不需要下划线，可在"超链接颜色"对话框中选中"链接无下划线"单选按钮。

步骤 06 ❶ 按照前面的操作方法继续为其他文本内容添加幻灯片链接，❷ 设置完成后单击状态栏中的"从当前幻灯片开始播放"按钮▶。

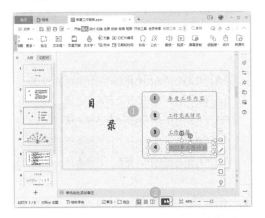

步骤 07 在幻灯片放映模式下，单击想要查看的文本链接。

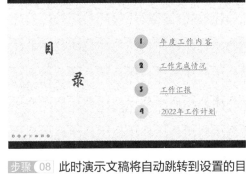

步骤 08 此时演示文稿将自动跳转到设置的目标幻灯片。

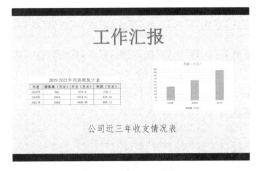

步骤 09 按下 Esc 键退出幻灯片放映模式，可看到访问过的超链接以刚才设置的红色文本显示。

2. 为对象添加文件超链接

　　在 WPS 演示中不仅可以将对象从某张幻灯片链接到其他幻灯片，还可以从某个对象跳转到其他应用程序，具体操作如下。

步骤 01 ❶ 在幻灯片中选中要添加文件超链接的对象，❷ 切换到"插入"选项卡，❸ 单击"超链接"下拉按钮，❹ 在弹出的下拉菜单中选择"文件或网页"命令。

步骤 02 ❶ 弹出"插入超链接"对话框，在"原有文件或网页"选项卡中选中要链接的目标文件，❷ 单击"确定"按钮。

步骤 03 返回演示文稿，单击状态栏中的"从当前幻灯片开始播放"按钮▶。

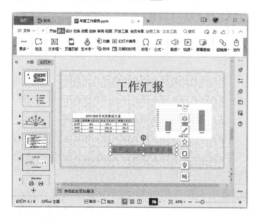

步骤 04 在幻灯片放映模式下，单击想要查看的文本链接。

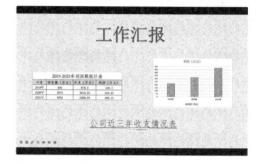

步骤 05 在弹出的提示对话框中单击"确定"按钮。

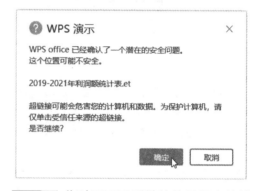

步骤 06 此时即可看到链接的目标文件被打开。

🔔 **小技巧**

使用鼠标右击设置了超链接的对象，在弹出的快捷菜单中选择"超链接"命令，在展开的子菜单中选择"取消超链接"命令，即可删除为此对象设置的超链接。

9.2.4 幻灯片放映

制作演示文稿的目的是帮助演讲者演示或者放映给用户浏览，为了让放映的幻灯片达到预期效果，还需要进行放映设置。

1. 设置放映类型

WPS 演示提供了"演讲者放映"和"展台自动循环放映"两种放映类型，不同的放映类型适合不同的场合，如果需要更改放映类型，可通过如下方法实现。

步骤 01 ❶ 在演示文稿中切换到"放映"选项卡，❷ 单击"放映设置"下拉按钮，❸ 在弹出的下拉菜单中选择"放映设置"命令。

步骤 02 ❶ 弹出"设置放映方式"对话框，在"放映类型"栏中选择需要的放映类型，❷ 单击"确定"按钮。

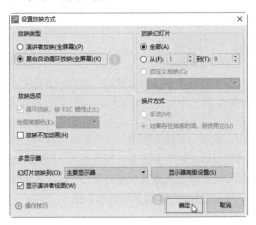

> **小提示**
>
> 使用"展台自动循环放映"放映类型时，WPS 演示将自动循环播放幻灯片，在放映过程中除了通过超链接或动作按钮来进行切换外，其他功能都不能使用。

2. 自定义幻灯片放映

针对不同的演讲场合或者面对不同的观众群，演示文稿的放映内容和顺序也可能会有所不同，此时放映者可以自定义放映内容及顺序，操作方法如下。

步骤 01 ❶ 在演示文稿中切换到"放映"选项卡，❷ 单击"自定义放映"按钮。

步骤 02 弹出"自定义放映"对话框，单击"新建"按钮。

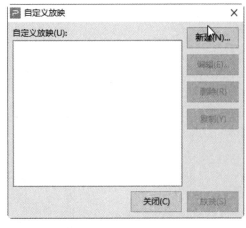

步骤 03 ❶ 弹出"定义自定义放映"对话框，在左侧列表框中选择要放映的第一张幻灯片，

❷ 单击"添加"按钮。

步骤 04 ❶ 选中的幻灯片将被添加到右侧的列表框中，按照上一步操作方法继续添加其他要放映的幻灯片，❷ 在"幻灯片放映名称"文本框中设置放映名称，❸ 单击"确定"按钮。

步骤 05 返回"自定义放映"对话框，单击"关闭"按钮。

步骤 06 ❶ 返回演示文稿，在"放映"选项卡中单击"放映设置"下拉按钮，❷ 在弹出的下拉菜单中选择"放映设置"命令。

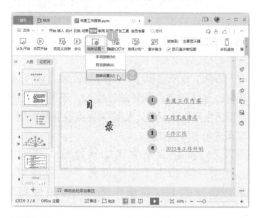

步骤 07 ❶ 弹出"设置放映方式"对话框，在"放映幻灯片"栏中选中"自定义放映"单选按钮，❷ 单击下方的下拉列表框，选择刚才设置的放映名称，❸ 单击"确定"按钮。

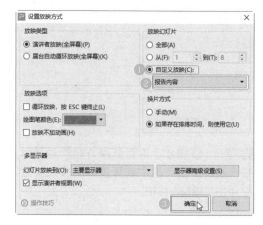

本章小结

本章通过 2 个综合案例，系统地讲解了在 WPS 演示中为幻灯片添加切换效果和动画效果的方法，以及幻灯片的放映设置和输出等知识。在学习本章内容时，读者要熟练掌握幻灯片切换效果的添加方法，以及进入、强调、路径和交互等动画效果的编辑技巧，其次还需要掌握幻灯片的放映设置和播放方法。

第 10 章

WPS Office 其他组件应用

本章导读

WPS 2019 的功能十分强大，除了常用的 WPS 文字、WPS 表格和 WPS 演示外，还可以使用 WPS 创建 PDF 文件、制作流程图、设计海报、创建思维导图和表单。本章以制作"企业宣传手册"PDF 文件、"企业组织结构"流程图、"企业招聘"海报、"项目规划"思维导图和"产品订购表"表单为例，介绍 WPS 其他几个组件的常用操作和使用技巧。

知识技能

本章相关案例及知识技能如下图所示。

10.1　制作"企业宣传手册"PDF 文件

案例说明

PDF 是一种常用的文档格式，这类文档在计算机上打开后不易受系统环境的影响，也不容易被其他浏览器随意修改。制作企业宣传手册时，用户可以基于已有的文件格式进行创建。"企业宣传手册"PDF 文件制作完成后的效果如下图所示（结果文件参见：结果文件 \ 第 10 章 \ 企业宣传手册 .pdf）。

思路分析

公司行政人员在制作企业宣传手册时，可以新建空白 PDF 文件后编辑内容，也可以将之前制作的其他类型文件直接转换为 PDF 文件，创建 PDF 文件后，可以根据需要创建签名，并将其添加到 PDF 文件中。其具体制作思路如下图所示。

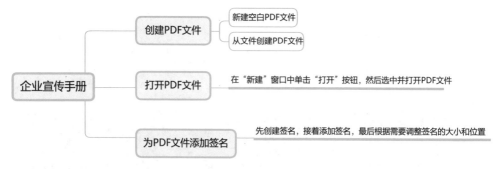

具体操作步骤及方法如下。

10.1.1　创建 PDF 文件

要使用 PDF 格式，首先需要创建 PDF 文件，用户既可以创建空白文件，也可以将已有的其他类型文件转换为 PDF 文件。

1. 新建空白 PDF 文件

如果需要在 PDF 文件中手动录入内容，可以先创建一个空白的 PDF 文件，具体操作如下。

步骤 01 启动 WPS 2019，单击窗口上方标题栏中的＋按钮。

步骤 02 ❶ 打开"新建"窗口，在窗口左侧选择"新建 PDF"选项，❷ 在右侧单击"空白 PDF"按钮。

步骤 03 在打开的程序窗口中可看到空白 PDF 文件效果。

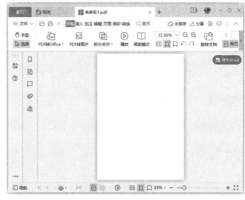

2. 从文件创建 PDF 文件

制作好 WPS 文字、WPS 表格、WPS 演示等文档后，可以将其转换为 PDF 文件进行保存，具体操作如下。

步骤 01 启动 WPS 2019，单击窗口上方标题栏中的＋按钮。

步骤 02 ❶ 打开"新建"窗口，在窗口左侧选择"新建 PDF"选项，❷ 在右侧单击"从文件新建"按钮。

步骤 03 ❶ 弹出"打开文件"对话框，选中要创建为 PDF 文件的文件，❷ 单击"打开"按钮。

步骤 04 在打开的 PDF 文件窗口中，单击快速访问工具栏中的"保存"按钮。

步骤 05 ❶ 弹出"选择保存位置"对话框，在文本框中输入文件的名称，文本框右侧的文件格式为 pdf 格式，保持不变，❷ 若要更改保存路径，可单击下方的"选择其他位置"超链接。

步骤 06 ❶ 弹出"另存文件"对话框，设置好 PDF 文件的保存位置，❷ 单击"保存"按钮。

10.1.2 打开 PDF 文件

要查看已创建的 PDF 文件，首先需要将文件打开，除了常用的双击文件图标打开文件的方法外，还可以通过下面的方法打开 PDF 文件。

步骤 01 启动 WPS 2019，单击窗口上方标题栏中的＋按钮。

步骤 02 ❶ 打开"新建"窗口，在窗口左侧选择"新建 PDF"选项，❷ 在右侧单击"打开"按钮。

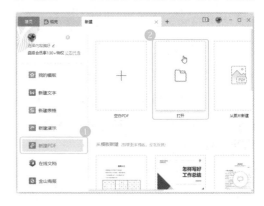

步骤 03 ❶ 弹出"打开文件"对话框，选中需要查看的 PDF 文件，❷ 单击"打开"按钮。

10.1.3 为 PDF 文件添加签名

为了突出显示重要内容，或者在 PDF 中显示来源等信息，可以用添加签名的方式进行显示。下面以添加图片签名为例，介绍在 PDF 文件中添加签名的方法。

步骤 01 ❶ 打开"素材文件\第 10 章\宣传手册 .pdf"，切换到"插入"选项卡，❷ 单击"PDF 签名"下拉按钮，❸ 在弹出的下拉菜单中选择"创建签名"命令。

步骤 02 弹出"PDF 签名"对话框，单击"添加图片"按钮。

步骤 03 ❶ 弹出"添加图片"对话框，选中要添加为签名的图片文件，❷ 单击"打开"按钮。

步骤 04 返回"PDF 签名"对话框，单击"确定"按钮。

步骤 05 ❶ 返回 PDF 文件，单击"PDF 签名"下拉按钮，❷ 在弹出的下拉菜单中单击刚才创建的签名。

步骤 06 此时光标将变为签名的形状，在需要添加签名的位置单击，即可将其添加到该位置。

步骤 07 添加签名后，若要移动签名的位置，可在文件中选中签名，当指针变为四向箭头后按下鼠标左键进行拖动。

步骤 08 当签名移动到合适位置后，释放鼠标左键。

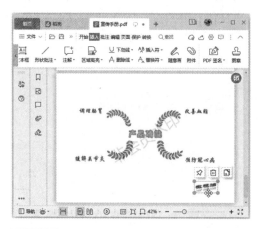

步骤 09 ❶ 设置完成后，按照前面的操作方法打开"另存文件"对话框，设置好文件的保存位置，❷ 在"文件名"文本框中输入文件名称，❸ 单击"保存"按钮。

✎ 读书笔记

10.2 制作"企业组织结构"流程图

 案例说明

　　流程图通常用来表现逻辑关系，在实际工作中经常用到，在 WPS 中流程图不仅可以通过 WPS 文字和 WPS 表格创建，还可以在流程图组件中创建。创建流程图后，不仅可以将其保存在云文档中方便调用，也可以将其转换为其他类型的文件保存在计算机中。"企业组织结构"流程图制作完成后的效果如下图所示（结果文件参见：结果文件\第 10 章\企业组织结构 .jpg）。

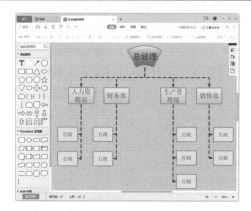

思路分析

　　公司行政人员在制作企业组织结构流程图时，首先需要新建一个空白的流程图文档，接着根据本公司的实际情况绘制基础图形，并在图形中添加需要的文本内容。为了让流程图看起来更加赏心悦目，可以根据需要更改图形的字体格式、线条样式、填充颜色以及流程图背景等。其具体制作思路如下图所示。

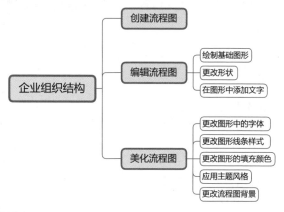

具体操作步骤及方法如下。

10.2.1 创建流程图

流程图可以从 WPS 的其他组件中创建，如 WPS 文字、WPS 表格等，也可以单独创建。用户如果需要从零开始绘制流程图，可以新建空白流程图，具体操作如下。

步骤 01 启动 WPS 2019，单击窗口上方标题栏中的＋按钮。

步骤 02 ❶打开"新建"窗口，在窗口左侧选择"流程图"选项，❷在右侧单击"新建空白流程图"按钮。

10.2.2 编辑流程图

如果用户要自定义编辑流程图，可以新建空白流程图，然后在文件中绘制图形，再在图形中输入文本。

1. 绘制基础图形

流程图由多个基础图形组合而成，若要绘制图形，可通过下面的方法实现。

步骤 01 按照前面的操作方法新建一个空白

流程图，将光标移动到"基础图形"栏中的图形上，当鼠标指针变为四向箭头时按下鼠标左键进行拖动。

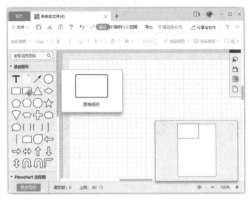

步骤 02 将绘制图形拖动到右侧编辑窗口的合适位置后释放鼠标左键，即可将该图形添加到流程图。

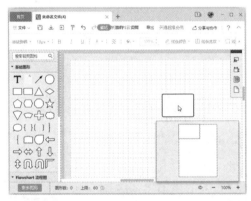

步骤 03 选中图形，通过矩形四个角上的控制点可调整图形的大小。

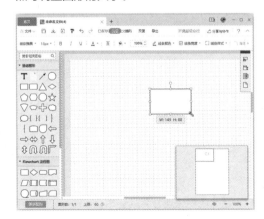

步骤 04 选中图形，将鼠标指针移至图形边框上，当鼠标指针变为四向箭头时按下鼠标左键进行拖动可调整图形的位置。

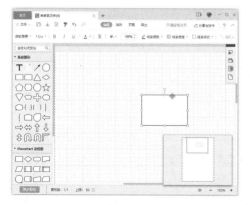

步骤 05 按照前面的操作方法绘制第二个图形。

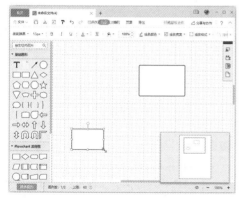

步骤 06 选中第一个图形，将光标定位到图形下方的中间位置，此时光标变为黑色十字形状。

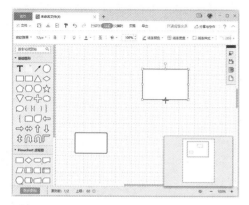

步骤 07 按下鼠标左键并拖动到第二个图形上

方的中间位置，释放鼠标左键，即可看到在两个图形之间创建了一条连接线。

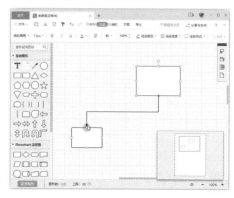

步骤 08 选中第一个图形，在图形下方的中间点上按下鼠标左键不放，拖动鼠标到合适的位置。

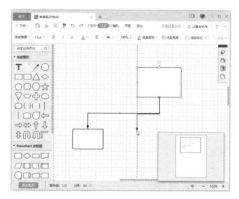

步骤 09 释放鼠标左键，在弹出的图形面板中选择需要的图形。

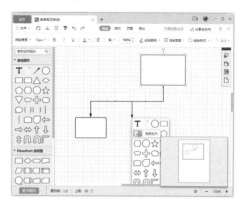

步骤 10 在返回的编辑窗口中即可看到添加第二条连接线和第三个图形的效果。

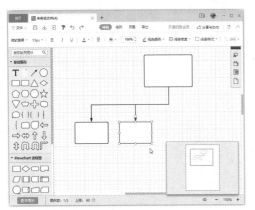

步骤 11 按照前面的操作方法继续添加连接线和图形，直至流程图设计完成。

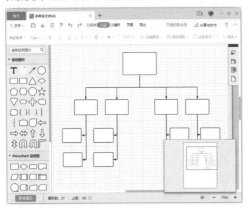

2. 更改形状

绘制好流程图后，如果对其中的图形形状不满意，可以手动进行更改，具体操作如下。

步骤 01 ❶ 选中要更改形状的图形，右击，❷ 在弹出的快捷菜单中选择"替换图形"命令。

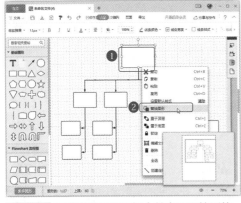

步骤 02 在弹出的图形面板中单击需要的形状。

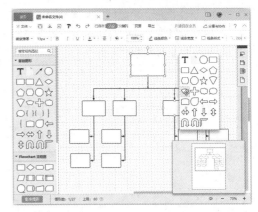

步骤 03 返回流程图，即可看到更改所选图形形状后的效果。

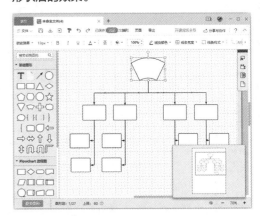

3. 在图形中添加文字

编辑好流程图图形后，就可以在其中添加文本内容了，具体操作如下。

步骤 01 ❶ 选中要添加文字的图形，右击，❷ 在弹出的快捷菜单中选择"编辑文本"命令。

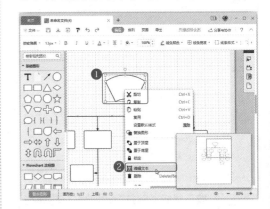

步骤 02 此时图形处于可编辑状态，在其中输入需要的文本内容。

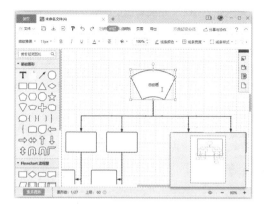

步骤 03 按照前面的操作方法继续为流程图中的其他图形添加文字。

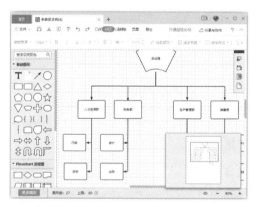

10.2.3 美化流程图

插入流程图基础图形并编辑好需要的文字后，为了让流程图更加美观，可以对其进行美化修饰。

1. 更改图形中的字体

默认情况下，WPS 2019 流程图中的文字格式为黑色、微软雅黑，字号为"13px"，若需要更改图形中的字体格式，可通过下面的方法实现。

步骤 01 ❶ 选中要更改字体的图形，❷ 在"编辑"选项卡中单击"字体"下拉按钮，❸ 在弹出的下拉列表中选择需要的文本字体。

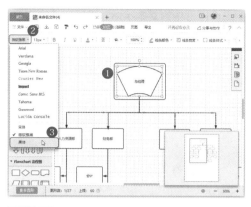

步骤 02 ❶ 保持图形为选中状态，单击"字号"下拉按钮，❷ 在弹出的下拉列表中选择需要的文本字号。

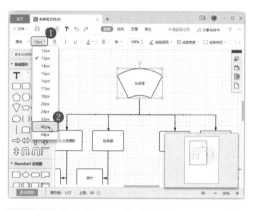

步骤 03 ❶ 保持图形为选中状态，单击"字体颜色"下拉按钮，❷ 在弹出的下拉面板中选择需要的字体颜色。

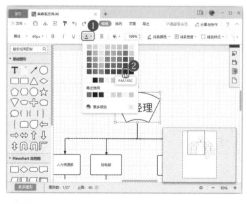

步骤 04 ❶ 按照前面的操作方法继续设置

第二个图形中的文本字体，设置后选中文本，❷ 单击快速访问工具栏中的"格式刷"按钮 。

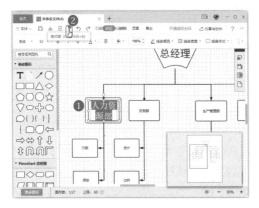

步骤 05 单击要应用字体格式的目标单元格，即可将所选图形中的字体格式应用到其中。

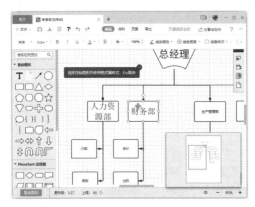

步骤 06 按照前面的操作方法继续为其他图形设置字体格式。

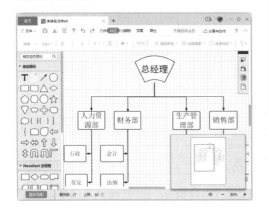

2. 更改图形线条样式

流程图默认的线条样式为黑色实线，线条宽度为"2px"，如果需要更改默认的线条样式，具体操作如下。

步骤 01 ❶ 选中要更改样式的线条，❷ 在"编辑"选项卡中单击"线条样式"下拉按钮，❸ 在弹出的下拉列表中选择需要的线条样式。

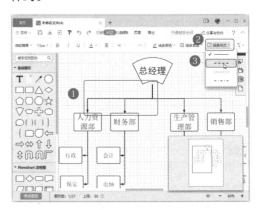

步骤 02 ❶ 选中要更改样式的线条，❷ 在"编辑"选项卡中单击"线条宽度"下拉按钮，❸ 在弹出的下拉列表中选择需要的线条宽度。

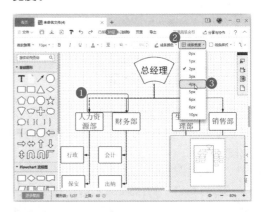

步骤 03 ❶ 选中要更改样式的线条，❷ 在"编辑"选项卡中单击"线条颜色"下拉按钮，❸ 在弹出的下拉面板中选择需要的线条颜色。

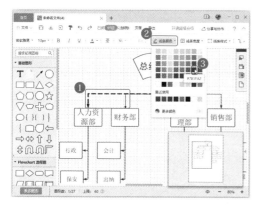

步骤 04 保持此线条为选中状态，单击快速访问工具栏中的"格式刷"按钮 ▼。

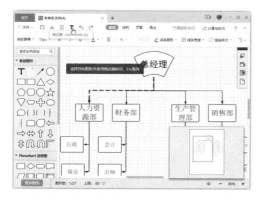

步骤 05 单击其他线条，即可将所选线条的样式应用到目标线条。

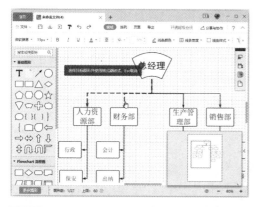

步骤 06 按照前面的操作方法继续更改流程图中其他线条的样式。

3.　更改图形的填充颜色

流程图默认的图形填充颜色为白色，用户可根据需要更改图形填充颜色，具体操作如下。

步骤 01 ❶ 选中要更改填充颜色的图形，❷ 在"编辑"选项卡中单击"填充样式"下拉按钮❤，❸ 在展开的颜色面板中单击需要的填充颜色。

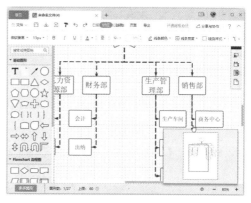

步骤 02 在返回的流程图中可看到更改所选图形纯色填充颜色的效果，若要设置渐变颜色效果，可在下拉面板中单击"渐变"选项。

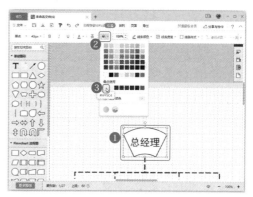

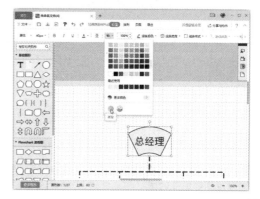

步骤 03 ❶ 弹出"渐变"对话框，单击第一个颜色按钮，❷ 在显示的下拉面板中设置第一种渐变颜色。

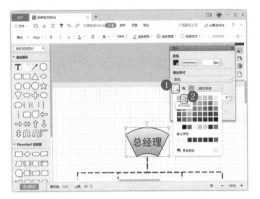

步骤 04 ❶ 单击第二个颜色按钮，❷ 在显示的下拉面板中设置第二种渐变颜色。

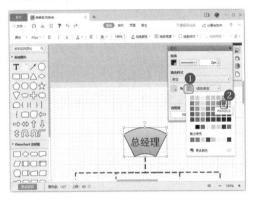

步骤 05 根据需要在"渐变"对话框中设置渐变颜色的角度和透明度。

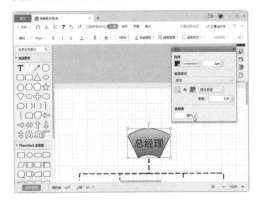

步骤 06 按照前面的操作方法继续为其他单元格设置渐变填充效果。

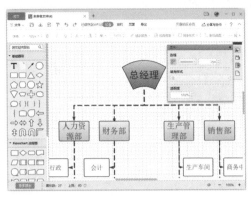

4. 应用主题风格

如果用户觉得逐个设置图形样式太麻烦，可应用主题风格快速美化流程图，操作如下。

步骤 01 ❶ 选中图形，❷ 在"编辑"选项卡中单击"风格"下拉按钮，❸ 在弹出的下拉面板中单击需要的主题风格。

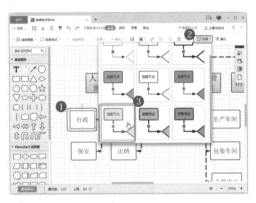

步骤 02 返回流程图，可看到应用内置主题风格后的效果。

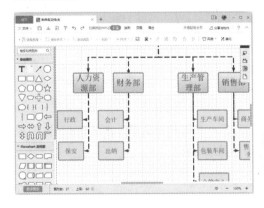

5. 更改流程图背景

流程图默认的背景颜色为白色，用户可根据需要将背景设置为喜欢的颜色，操作如下。

步骤 01 ❶ 在流程图窗口切换到"页面"选项卡，❷ 单击"背景颜色"下拉按钮，❸ 在弹出的下拉面板中单击需要的背景颜色。

步骤 02 设置完成后单击快速访问工具栏中的"保存"按钮，可将流程图保存到云文档。

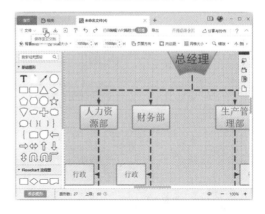

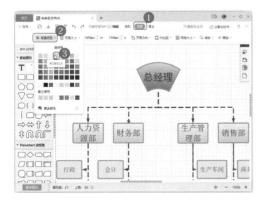

10.3　制作"企业招聘"海报

案例说明

海报是一种常用的宣传方式，通常用来宣传产品或者发布招聘信息等，使用金山海报可以快速制作精美、专业的广告，制作完成后还可以保存到云文档，以便日后浏览或者调用。"企业招聘"海报制作完成后的效果如下图所示（结果文件参见：结果文件\第 10 章\企业招聘.jpg）。

扫一扫，看视频

思路分析

　　行政人员在制作企业招聘海报时，可以先新建一个空白画布，接着设置好海报的背景并调整好尺寸，若内置的纯色背景或素材背景不满足用户的需求，还可以将计算机中的图片设为海报背景，最后编辑海报内容，包括标题、正文和二维码等。其制作思路如下图所示。

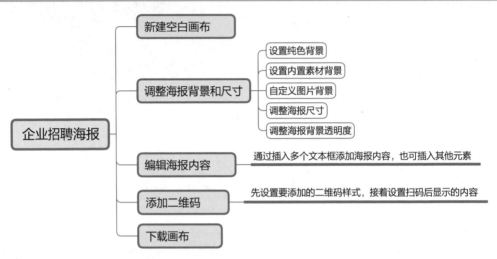

　　具体操作步骤及方法如下。

10.3.1　新建空白画布

　　要自定义设计海报，首先需要新建一个空白画布，具体操作如下。

步骤 01 启动 WPS 2019，单击窗口上方标题栏中的 ＋ 按钮。

步骤 02 ❶ 打开"新建"窗口，在窗口左侧选择"金山海报"选项，❷ 在右侧单击"新建空白设计"按钮。

步骤 03 ❶ 弹出"自定义尺寸"对话框，在"常规尺寸"栏中切换到需要的设备，如"移动端"，❷ 选择需要的尺寸选项，❸ 单击"创建设计"按钮。

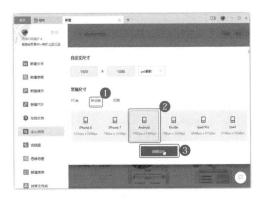

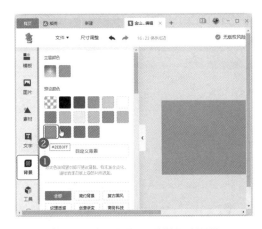

步骤 04 在打开的程序窗口中即可看到创建的空白画布。

10.3.2 调整海报背景和尺寸

金山海报提供了纯色背景和素材背景供用户选择，若想要制作特别的样式，可以将计算机中保存的图片设为背景，编辑文本内容前，用户还可以根据需要调整海报的显示尺寸。

1. 设置纯色背景

金山海报内置了多种预设颜色供用户参考，通过单击喜欢的颜色按钮即可快速设置海报背景，具体操作如下：❶ 在程序窗口左侧的"主导航"栏中单击"背景"选项，❷ 在打开的"背景"导航窗口中单击需要的背景颜色。

小技巧

"预设颜色"栏中只有十多种颜色供用户选择，如果没有合适的颜色，可单击"主题颜色"栏中的"取色器"按钮，然后在打开的颜色面板中取色。

2. 设置内置素材背景

如果用户觉得纯色背景不够美观，可以使用金山海报内置的素材作为背景。金山海报提供了多种风格的素材供用户选择，设置方法如下：❶ 在程序窗口左侧的"主导航"栏中单击"背景"选项，❷ 在打开的"背景"导航窗口中单击需要的素材类型，❸ 在下方单击合适的素材。

3. 自定义图片背景

除了使用素材做背景外，用户还可以选择自己计算机上的图片作为背景，设置方法如下。

步骤 01 ❶ 在程序窗口左侧的"主导航"栏

中单击"背景"选项，❷ 在打开的"背景"导航窗口中单击"自定义背景"按钮。

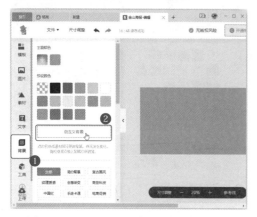

步骤 02 ❶ 弹出"打开文件"对话框，选中需要作为背景的图片文件，❷ 单击"打开"按钮。

步骤 03 在返回的金山海报窗口中即可看到添加本地计算机中背景图片的效果。

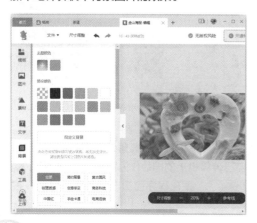

4. 调整海报尺寸

在海报编辑过程中，如果发现尺寸不合适，可以手动进行更改，具体操作如下。

步骤 01 在程序窗口的功能区中单击"尺寸调整"按钮。

步骤 02 ❶ 弹出"调整画布尺寸"对话框，在"选择设计场景"列表框中选择需要的画布尺寸，❷ 取消勾选"智能调整元素大小和位置"复选框，❸ 单击"调整尺寸"按钮。

5. 调整海报背景透明度

在海报中插入背景图片后，如果图片的色彩过于浓烈，或者颜色太深，势必会影响海报文本内容的显示，此时可以调整海报背景的透明度，具体操作如下。

步骤 01 ❶ 在程序窗口左侧的"主导航"栏中单击"背景"选项，❷ 在编辑区上方单击"透明度"按钮。

步骤 02 在显示的"透明度"栏中拖动滑块调整背景的透明度，此时编辑区中的背景将同步显示效果，设置完成后释放鼠标左键。

10.3.3 编辑海报内容

设计好海报的尺寸和背景后，就可以开始编辑海报内容了，在海报中可以插入图片、图表、表格、文字等多种内容。下面以编辑文字内容为例介绍编辑海报内容的方法。

步骤 01 ❶ 在程序窗口左侧的"主导航"栏中单击"文字"选项，❷ 在打开的"文字"导航窗口中单击"点击添加标题文字"选项。

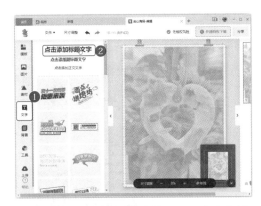

步骤 02 ❶ 此时编辑区中将显示一个文本框，将默认内容删除，输入需要的文字，录入后将其选中，❷ 单击功能区中的"字体颜色"按钮，❸ 在展开的下拉面板中选择需要的字体颜色。

步骤 03 ❶ 如果没有合适的颜色，可在颜色面板中单击"取色器"按钮，❷ 在展开的下拉面板中单击需要的颜色。

步骤 04 ❶ 保持文本为选中状态，单击"字体"下拉按钮，❷ 在弹出的下拉列表中选择需要的

字体样式。

步骤 [05] ❶ 保持文本为选中状态，单击"字号"下拉按钮，❷ 在弹出的下拉列表中选择需要的字号。

步骤 [06] 返回海报编辑区，选中调整好的文字框，按下鼠标左键并拖动，可调整文字框的位置。

步骤 [07] 按照前面的操作方法继续设置其他标题文字，设置完成后，单击"点击添加正文文字"选项。

步骤 [08] 在添加的文本框中输入海报正文内容。

步骤 [09] ❶ 按照前面的操作方法设置海报正文的字体、颜色和字号，若要加粗显示文本，可选中文本内容，❷ 单击"加粗"按钮，❸ 在弹出的下拉菜单中选择"加粗"命令。

步骤 [10] 在显示的"加粗"栏中拖动滑块调整加粗比例，编辑区中将同步显示加粗效果。

步骤 11 选中正文文本框,单击"对齐方式"按钮,在展开的下拉面板中选择需要的文本对齐方式。

10.3.4 添加二维码

二维码是近几年来移动设备上流行的一种编码方式,在海报中添加二维码的操作如下。

步骤 01 ❶ 在程序窗口左侧的"主导航"栏中单击"工具"选项,❷ 在打开的"文字"导航窗口中单击"二维码"选项。

步骤 02 在导航窗格下方选择需要的二维码样式。

步骤 03 ❶ 弹出"二维码"对话框,在"内容"选项卡中选择需要的二维码类型,本例选择"文本"选项,❷ 在下方的"文本信息"文本框中输入扫码后显示的文本内容,❸ 单击"保存并使用"按钮。

🔔 小提示

添加文本二维码后,默认情况下,二维码图片中不会显示设置的文本内容,当用户扫码后便可看到设置的文本内容了。

步骤 04 返回海报编辑区,选中插入的二维码,通过四周的控制点可调整二维码的大小。

步骤 05 选中二维码，按下鼠标左键进行拖动，调整二维码的显示位置，拖动到合适位置释放鼠标左键。

10.3.5 下载画布

海报设计完成后，为了便于以后查看或者保存，可以将其下载到计算机或手机中，以下载到本地计算机为例，下载方法如下。

步骤 01 ❶ 在金山海报程序窗口中，单击右上角的"保存并下载"下拉按钮，❷ 在弹出的下拉菜单中选择"下载到电脑"命令。

步骤 02 ❶ 在"下载作品"对话框中单击"文件类型"下拉列表框，选择文件的保存类型，本例选择 JPG 格式，❷ 单击"下载"按钮。

🔔 **小提示**

海报一般用于印刷和喷绘，若只是一般的保存和打印，可保存为 PNG 或 JPG 格式，若用于印刷，建议选择"PDF-印刷"文件类型进行保存。

步骤 03 ❶ 弹出"另存文件"对话框，设置好海报的保存位置，❷ 在"文件名"文本框中输入文件的保存名称，❸ 单击"保存"按钮。

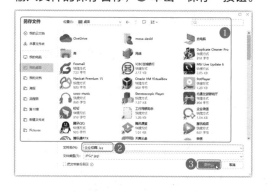

10.4 制作"项目规划"思维导图

👤 **案例说明**

扫一扫，看视频

思维导图的用途是将各级主题的关系用相互隶属或者相关的层级图表现出来，用简明扼要的话语进行概述，从而起到帮助记忆的效果。思维导图制作完成后，用户既可以将其保存到云文档便于以后查看和调用，也可以将其以其他文件格式保存到计算机中。"项目规划"思维导图制作完成后的效果如下图所示（结果文件参见：结果文件 \ 第 10 章 \ 项目规划 .pdf）。

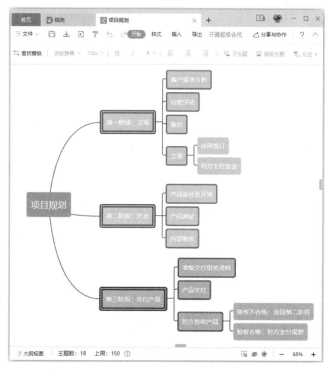

思路分析

　　用户在制作项目规划思维导图时，首先要新建一个空白思维导图文件，接着在思维导图中添加多个分支主题，并设置好每个主题的内容。为了让制作的思维导图更加美观，还可以进行更改节点样式和连线样式等美化操作。制作完成后，将思维导图重命名并保存到云文档中，以便日后查看和调用。其制作思路如下图所示。

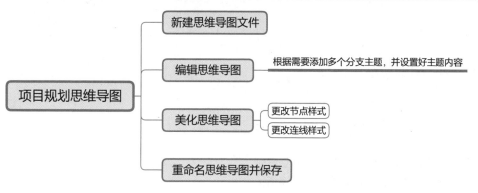

具体操作步骤及方法如下。

10.4.1 新建思维导图文件

要创建思维导图，首先要新建一个思维导图文件。用户可以新建一个空白思维导图，然后在其中设计需要的导图样式。新建空白思维导图的具体操作如下。

步骤 01 ❶ 启动 WPS 2019，打开"新建"窗口，在窗口左侧选择"思维导图"选项，❷ 在右侧单击"新建空白思维导图"按钮。

步骤 02 在打开的窗口中即可看到新建的空白思维导图。

10.4.2 编辑思维导图

创建思维导图后，就可以在其中编辑思维导图内容了。下面基于空白思维导图介绍编辑的具体操作。

步骤 01 按照前面的操作方法新建一个空白思维导图，双击图形，图形中的文字处于编辑状态，输入需要的文字内容。

步骤 02 ❶ 选中思维导图中的首个主题，❷ 在"开始"选项卡中单击"子主题"按钮。

步骤 03 ❶ 此时第一个主题右侧将会新建一个子主题，自动命名为"分支主题"，选中该分支主题，❷ 单击"同级主题"按钮，可创建第二个分支主题。

步骤 04 按照前面的操作方法继续添加其他主题，并根据需要录入主题内容。

10.4.3　美化思维导图

默认的思维导图样式比较单一，用户可以根据需要更改节点和连线的样式，让思维导图更加美观。

1. 更改节点样式

在默认的思维导图中，除了第一个主题以白色文字和绿色填充颜色显示外，其余子主题都是黑色字体和白色填充样式。为了丰富节点样式，用户可以更改节点的体系样式、背景颜色及边框样式，具体操作如下。

步骤 01 ❶ 选中要更改样式的节点，❷ 切换到"样式"选项卡，❸ 单击"节点样式"下拉按钮，❹ 在展开的"预置主题风格"面板中选择需要的主题风格。

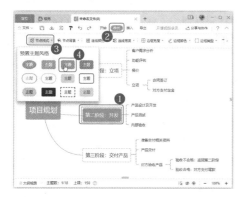

步骤 02 ❶ 保持节点为选中状态，单击"节点背景"下拉按钮，❷ 在展开的下拉面板中单

击需要的节点填充颜色。

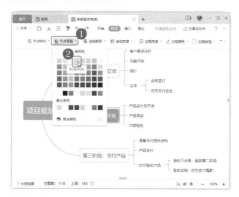

步骤 03 ❶ 保持节点为选中状态，单击"边框宽度"下拉按钮，❷ 在弹出的下拉列表中选择需要的边框线条宽度。

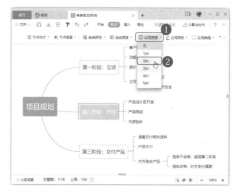

步骤 04 ❶ 保持节点为选中状态，单击"边框颜色"下拉按钮，❷ 在展开的下拉面板中选择需要的边框线条颜色。

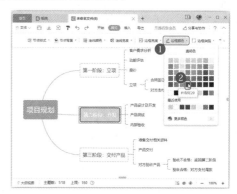

步骤 05 ❶ 保持节点为选中状态，单击"边框类型"下拉按钮，❷ 在展开的下拉列表中选择需要的边框线条类型。

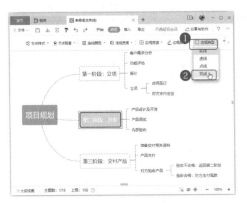

步骤 06 按照前面的操作方法继续更改其他节点的样式。

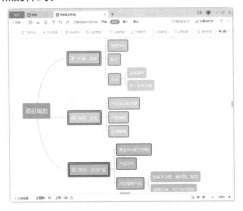

2. 更改连线样式

思维导图中节点和节点之间默认的连线颜色为灰色，为了让思维导图的效果更加美观，可将节点间的连线更改为其他颜色，并设置连线宽度，具体操作如下。

步骤 01 ❶选中要更改节点连线样式的主题，❷在"样式"选项卡中单击"连线颜色"下拉按钮，❸在展开的下拉面板中单击需要的颜色。

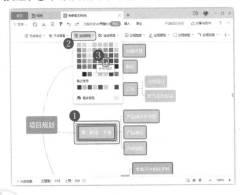

步骤 02 ❶保持节点为选中状态，单击"连线宽度"下拉按钮，❷在弹出的下拉列表中选择需要的连线宽度。

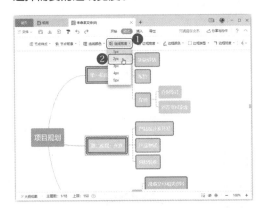

步骤 03 按照前面的操作方法继续更改其他节点间连线的样式。

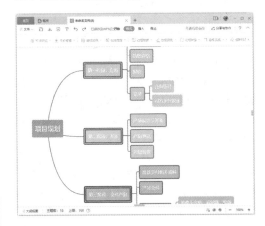

10.4.4 重命名思维导图并保存

创建空白思维导图时，文档是以"未命名文件"＋序号的名称命名的，为了便于后续查找和调用，用户可以重命名思维导图并将其保存到云文档，具体操作如下。

步骤 01 ❶单击文档窗口中的"文件"下拉按钮，打开"文件"菜单，❷选择"重命名"命令。

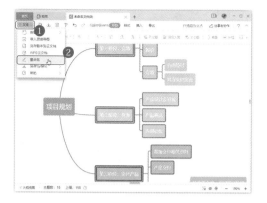

步骤 02 ❶ 弹出"重命名"对话框，在其中输入需要保存的名称，❷ 单击"确定"按钮。

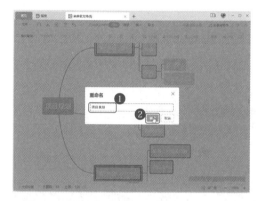

步骤 03 返回思维导图窗口，单击快速访问工具栏中的"保存"按钮，可直接将思维导图保存到云文档中。

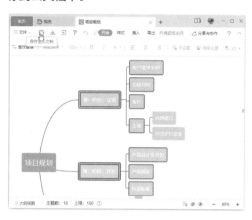

10.5 制作"产品订购表"表单

案例说明

　　表单是目前实际工作中常用的工具之一，发布者利用表单将其想了解的问题发布到网络，被邀请者填写表单并提交，发布者即可了解到被邀请者的需求和意向。"产品订购表"表单制作完成后的效果如下图所示。

扫一扫，看视频

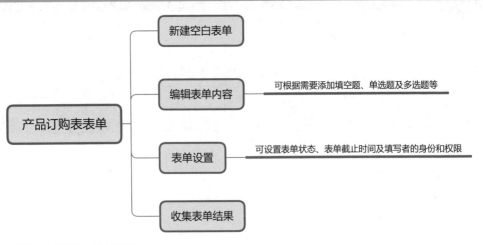

思路分析

　　用户在制作产品订购表表单时，首先要新建一个空白表单，接着在表单中输入内容，如填空题、选择题的题目和选择答案等，编辑完成后设置截止时间等条件，然后将表单生成的链接或二维码发送给被邀请者，当有被邀请者填写表单并提交后，就可以收集表单结果进行分析了。其制作思路如下图所示。

具体操作步骤及方法如下。

10.5.1　新建空白表单

用户要创建产品订购表表单，首先需要新建空白表单，具体操作如下。

步骤 01 打开 WPS"新建"窗口，在窗口左侧单击"新建表单"选项。

步骤 02 打开"金山表单"窗口，将鼠标指针指向"表单"栏，单击"新建空白"按钮。

10.5.2　编辑表单内容

创建空白表单后，就可以在其中编辑表单内容了。表单通常由多道题目组成，在金山表单中不仅可以添加填空题、选择题，还可以添加图片题等多种类型的题目。下面以添加填空题和选择题为例，介绍编辑表单内容的具体操作。

步骤 01 在刚才创建的空白表单中，将鼠标指针指向"请输入表单标题"文字字样。

步骤 02 ❶ 输入表单的标题，❷ 在下方编辑区中输入第一道题目的问题，金山表单默认创建的题目为填空题，与本例第一道题的类型相同，这里不需要修改题目类型，❸ 勾选题目下方的"必填"复选框，此时题目编号左侧将显示红色星形，表示此题为必填项目。

步骤 03 ❶ 按照前面的操作方法继续录入第二道填空题的题目，❷ 若要添加选择题，可单击窗口左侧导航栏中的"选择题"按钮。

步骤 04 ❶ 添加第三道题目，此题为选择题，需要编辑问题和答案，❷ 若答案选项不够，单

击下方的"选项"超链接。

步骤 05 ❶ 按照上一步操作方法继续添加要选择的答案，并修改好内容，❷ 单击下方的题型下拉按钮，❸ 在弹出的下拉菜单中选择"多选题"命令。

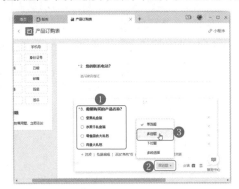

步骤 06 按照前面的操作方法继续添加其他题目。

10.5.3 表单设置

编辑好表单内容后，可以根据实际情况对表单进行设置，具体操作如下。

步骤 01 表单编辑完成后，单击窗口右侧的"设置"按钮。

步骤 02 ❶ 弹出"设置"对话框，根据需要设置表单状态、截止时间、填写者身份及填写权限等信息，❷ 设置完成后单击"确定"按钮。

步骤 03 返回表单，单击"完成创建"按钮。

步骤 04 在打开的页面中，可看到生成的邀请链接，单击"复制"按钮，然后将链接发送给需要的人。

📢 小提示

成功创建表单后，将二维码下载下来发送给被邀请者，可以方便被邀请者快速扫码并进入信息填写界面。

10.5.4　收集表单结果

当有被邀请者填写表单后，用户就可以打开金山表单查看收集到的表单结果了，具体操作如下。

步骤 01 ❶ 打开 WPS 程序窗口，在左侧主导航栏中单击"文档"选项，❷ 在导航窗格中单击"我的云文档"选项，❸ 在中间编辑区展开"应用"文件夹。

步骤 02 依次打开"我的云文档＼应用＼我的表单＼产品订购表"文件夹，双击"产品订购表 .form"文件选项。

步骤 03 在打开的窗口中便可看到收集的信息。

本章小结

本章通过 5 个综合案例，系统地讲解了WPS 2019 中创建和打开 PDF 文件，编辑和美化流程图，创建、编辑海报和添加二维码，新建、编辑和美化思维导图，以及创建、设置表单和收集结果等知识。在学习本章内容时，读者要熟练掌握 PDF 文件、海报、流程图、思维导图和表单的制作方法和编辑技巧。

第2篇

办公技巧速查

第11章

WPS 文字组件应用技巧速查

本章导读

　　本章主要讲解关于 WPS 文字组件的基础操作与应用的相关技巧，内容包括：文本录入与编辑技巧、文本和段落格式设置技巧、图文混排及表格应用技巧及页面设置和打印技巧。掌握这些技巧，一方面可以提高 WPS 文字的使用效率，另一方面也方便读者在操作使用过程中，通过这些技巧速查来解决相关问题。

知识技能

本章相关技巧应用及内容安排如下图所示。

```
                                      ┌─ 11个文本录入与编辑技巧

                                      ├─ 7个文本和段落格式设置技巧

       WPS文字组件应用技巧速查 ────────┤
                                      ├─ 6个图文混排及表格应用技巧

                                      └─ 7个页面设置和打印技巧
```

11.1 文本录入与编辑技巧

使用 WPS 文字编辑文档时，文本的录入和编辑是最基础的操作之一，掌握文本内容的录入和编辑技巧，可以帮助用户提高文档的编排效率。

001 快速选择块状区域文本

在文档中录入文本后，如果需要对上一行中的某个文本及其对应正下方的文本进行设置，可以使用快捷键配合鼠标选择块状区域文本，然后再进行设置。

选择块状区域文本的方法为：将光标定位到要选取区域的开始位置，按下 Alt 键不放，按住鼠标左键拖动至目标位置即可。

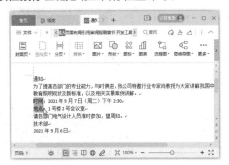

002 快速选择不连续文本

在文本编辑过程中，若要对不连续的文本进行同样的设置，逐个设置非常麻烦，可以使用快捷键配合鼠标将不连续的文本选中后再统一设置。

如果想要选择文档中不连续的文本，可以先选择一个区域的文本内容，然后按下 Ctrl 键不放，再逐一选择其他的内容。

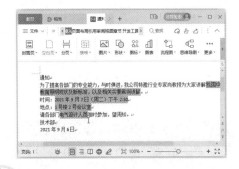

003 快速输入中文大写金额数字

当制作收条、收款凭证之类的办公文档时，经常遇到需要输入中文大写金额数字的情况，直接输入不仅速度很慢，而且极易出错，此时可以利用 WPS 文字的编号功能快速将数字转换为中文大写金额数字。

例如，要将数字 12300 转换为中文大写金额数字，具体操作如下。

步骤 01 ❶ 将光标定位在 WPS 文字文档中需要输入中文大写金额数字的位置，❷ 切换到"插入"选项卡，❸ 单击"编号"按钮。

步骤 02 ❶ 弹出"插入编号"对话框，在"数字"文本框中输入要转换为中文大写金额数字的数据，❷ 在"数字类型"列表框中选择"壹元整，贰元整，叁元整 ..."选项，❸ 单击"确定"按钮。

步骤 03 在返回的 WPS 文字文档中，即可

看到输入的中文大写金额数字。

004　在文档中插入上标和下标

编辑论文或科研报告等文档时，有时需要输入数学公式或者化学公式，此时需要用到上下标功能。

下面以勾股定理为例，介绍快速添加上标的方法，具体操作如下。

步骤 01　❶ 输入公式后，选中要设为上标的数据，❷ 在"开始"菜单中单击"上标"按钮 x^2。

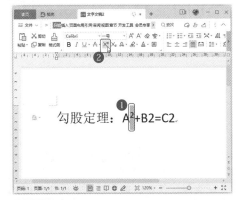

步骤 02　按照上一步操作方法设置其他上标。

005　在文档中显示行号

在日常工作中，若文档段落太多或是篇幅太长，用户查找起来十分麻烦，此时可以为文档添加行号，以方便阅读和查找，添加行号的方法如下。

步骤 01　❶ 在 WPS 文档窗口中切换到"页面布局"选项卡，❷ 单击"行号"下拉按钮，❸ 在弹出的下拉菜单中选择"连续"命令。

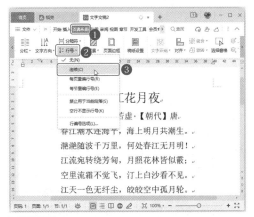

步骤 02　此时文档窗口左侧即会显示行号。

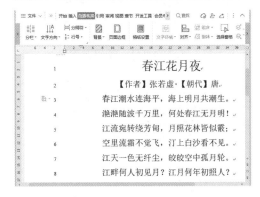

006　取消英文段落首字母大写功能

默认情况下，在 WPS 文字中输入英文段落时，首字母会自动转换为大写字母，若不希望段落首字母转换为大写，可取消该功能。

取消英文段落首字母大写功能的方法为：
❶ 在 WPS 文字窗口中打开"选项"对话框，

切换到"编辑"选项卡，❷ 取消勾选"键入时自动进行句首字母大写更正"复选框，❸ 单击"确定"按钮。

007　在文档中输入特殊符号

在实际工作中，经常遇到需要输入特殊符号的情况，例如箭头、制表符或者其他货币符号等，而这些符号无法通过键盘输入，此时可通过插入符号功能快速插入特殊符号。

例如，要在文档中插入符号 б，具体操作如下。

步骤 01 ❶ 将光标定位在 WPS 文字文档中需要输入特殊符号的位置，❷ 在"插入"选项卡中单击"符号"下拉按钮，❸ 在弹出的下拉面板中单击需要的符号，若没有需要的选项，可选择"其他符号"命令。

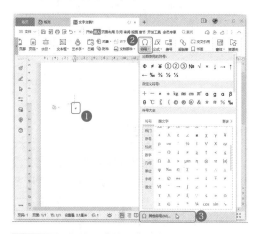

步骤 02 ❶ 弹出"符号"对话框，在"符号"

选项卡中拖动滑块向下滚动，找到需要的符号后将其选中，❷ 单击"插入"按钮。

步骤 03 此时在文档中可看到插入的特殊符号，单击"关闭"按钮关闭"符号"对话框即可。

008　在文档中输入可自动更新的日期

在实际工作中，如果遇到编辑类似通知、邀请函等文档需要输入当前日期，且希望每次文档打开时显示的都是当前的日期或时间的需求时，可在插入日期时设置自动更新功能实现。

例如，要在文档中插入可更新的当前日期，并在几天后重新打开查看，具体操作如下。

步骤 01 ❶ 打开"素材文件\第11章\通知.wps"文件，将光标定位在需要插入可自动更新的日期的位置，❷ 切换到"插入"选项卡，❸ 单击"日期"按钮。

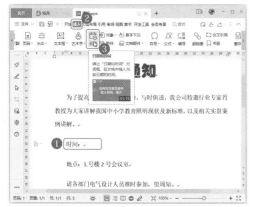

步骤 02 ❶ 弹出"日期和时间"对话框，在左侧的列表框中选择需要的日期或时间格式，❷ 勾选"自动更新"复选框，❸ 单击"确定"按钮。

🔔 **小提示**

若在"日期和时间"对话框中不勾选"自动更新"复选框，可自动插入文档编辑的当前时间，以后打开时不会产生变化。

步骤 03 返回文档，可看到插入的当前日期。

步骤 04 过几天再次打开文档，即可发现文档中显示的是再次打开时的当前日期。

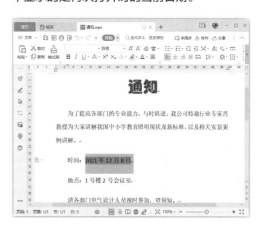

009　将简体字和繁体字互换

在日常工作中，大部分企业是使用简体字编辑文档，但因地域和喜好的不同，有些企业更喜欢使用繁体字。要将文档内容全部由简体字转换为繁体字，具体操作如下。

步骤 01 ❶ 打开"素材文件 \ 第 11 章 \ 通知 .wps"文件，选中文档中的全部正文内容，❷ 切换到"审阅"选项卡，❸ 单击"简转繁"按钮。

步骤 02 此时即可看到正文部分的简体字全部转换为繁体字后的效果。

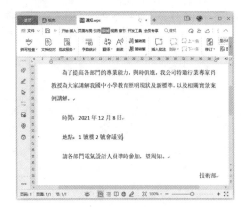

010　在文档中插入空白页

在 WPS 文字中编辑文档时，若当前页面为竖向页面，用户希望在下一页插入横向页面，操作很简单，直接插入横向空白页即可。

在 WPS 文字中插入空白页的操作为：❶ 切换到"插入"选项卡，❷ 单击"空白页"下拉按钮，❸ 在弹出的下拉菜单中选择需要的方向即可，本例选择"横向"命令。

011　一次性删除所有空段或空格

日常工作中难免会遇到不小心插入了不必要的空段或者空格的情况，逐个查找并删除非常麻烦，可通过下面的方法一次性删除文档中的多个空段或者空格。

步骤 01　❶ 打开"素材文件\第11章\通知1.wps"文件，选中文档中的所有内容，❷ 在"开始"选项卡中单击"文字排版"下拉按钮，❸ 在弹出的下拉菜单中选择"智能格式整理"命令。

步骤 02　❶ 文档中的所有空段被一次性删除，保持文本为选中状态，再次单击"文字排版"下拉按钮，❷ 在下拉菜单中选择"删除"命令，❸ 在展开的子菜单中选择"删除空格"命令。

步骤 03　在返回的文档中，即可看到文档中所有空段和空格被删除后的效果。

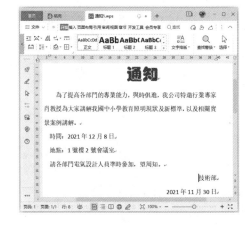

11.2　文本和段落格式设置技巧

为了让页面更加整洁，可以对录入的文本和段落格式进行相应设置，掌握文本和段落格式的设置技巧，可以快速对文档进行处理。

012　设置不以 1 开始的编号

在实际工作中，有时会遇到以其他数值开始进行编号的需要，这时就需要对编号或者列表的起始值进行设置。

例如，要将文档中多级列表的起始编号由"第一条"设置为"第十八条"，具体操作如下。

步骤 01 ❶ 使用鼠标右击要调整的编号或列表，❷ 在弹出的快捷菜单中选择"项目符号和编号"命令。

步骤 02 弹出"项目符号和编号"对话框，单击"自定义"按钮。

步骤 03 ❶ 在弹出的对话框的"起始编号"微调框中输入 18，❷ 单击"确定"按钮。

步骤 04 在返回的文档中即可看到从"第十八条"开始编号的效果。

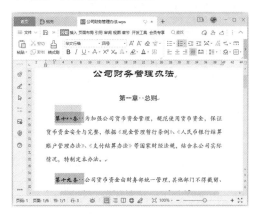

013　为文本添加下划线

在文档编辑过程中，为了让重要内容达到醒目的状态，除了为文本更改字体格式或者添加底纹外，还可以为其添加下划线来突出显示内容。

例如，要为文中的某个重要段落添加紫色的波浪形下划线，具体操作如下。

步骤 01 ❶ 选中要添加下划线的文本，❷ 在"开始"选项卡中单击"下划线"下拉按钮，❸ 在弹出的下拉菜单中选择"波浪线"线型。

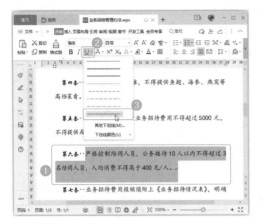

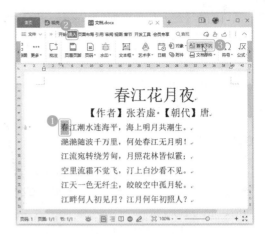

步骤 02 ❶ 保持文本为选中状态，再次单击"下划线"下拉按钮，❷ 在弹出的下拉菜单中选择"下划线颜色"命令，❸ 在展开的颜色面板中选择"紫色"。

步骤 02 ❶ 弹出"首字下沉"对话框，设置首字的位置，❷ 在"选项"栏中设置首字的字体、下沉行数及距正文的距离，❸ 单击"确定"按钮。

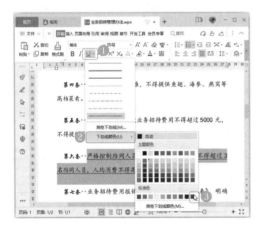

014 设置文档首字下沉效果

在 WPS 文字中编辑文档时，若想要突出各个段落的分隔关系，可以将段落设为首字下沉的效果，这样可使段落的第一个字符显示为大号字符并占据多行，从而使段落分隔更加明显。设置首字下沉效果的具体操作如下。

步骤 01 ❶ 选中要设置为首字下沉的文字，❷ 切换到"插入"选项卡，❸ 单击"首字下沉"按钮。

步骤 03 返回文档，即可看到设置首字下沉的效果。

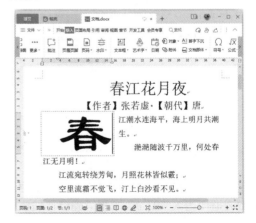

015　使用制表符快速对齐文本

在文档中使用空格间隔文本时，若左侧的文本发生变动，右侧的文本位置也会相应变化，若希望左侧文本的添加或删除不影响右侧文本的位置，可使用制表符快速对齐文本，具体操作如下。

步骤 01 ❶ 打开"素材文件 \ 第 11 章 \ 差旅费报销标准 .wps"文件，切换到"视图"选项卡，❷ 勾选"标尺"复选框。

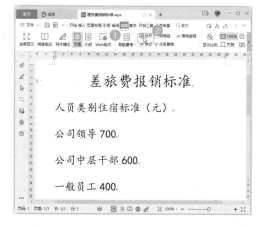

步骤 02 ❶ 选中要使用制表符排版的文本，❷ 将鼠标指针定位在对应的标尺处，定位处将出现 L 形状，这是制表符默认的左对齐标志。

步骤 03 将光标定位在需要右对齐的位置，按下 Tab 键，即可使用制表位快速进行排版。

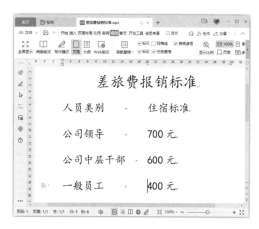

016　将文字竖向排列

默认情况下，WPS 文字中的文本以水平方向进行排列，若要竖向排列文本，可更改文本的文字方向。

下面将文档中的文字按垂直方向从右往左排列，具体操作如下。

步骤 01 ❶ 在文档中切换到"页面布局"选项卡，❷ 单击"文字方向"下拉按钮，❸ 在弹出的下拉菜单中选择"垂直方向从右往左"命令。

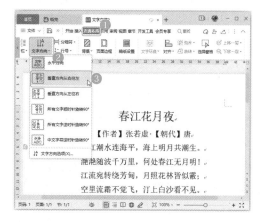

步骤 02 返回文档，即可看到文本以垂直方向从右往左排列的效果。

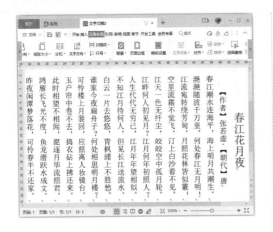

017 将文档中的文字任意旋转方向

在 WPS 文字中，可以将文本以水平和垂直方式进行排列，也可以顺时针旋转或者逆时针旋转 90°排列，若希望将文本以任意角度旋转，可以通过文本框实现，具体操作如下。

步骤 01 ❶ 选中要旋转方向的文字，❷ 切换到"插入"选项卡，❸ 单击"文本框"按钮。

步骤 02 将鼠标指针移至文本框上方的旋转按钮，拖动鼠标即可任意调整文字的旋转方向。

步骤 03 ❶ 选中文本框，❷ 在"文本工具"选项卡中单击"形状轮廓"下拉按钮，❸ 在弹出的下拉面板中选择"无边框颜色"命令。

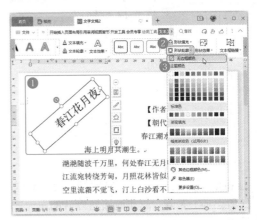

018 如何进行孤行控制

在文档编辑过程中，用户经常遇到一个段落的第一行出现在一页的结尾，或者一个段落的最后一行出现在下一页的页首的情况，为了避免出现此类情况，可以进行孤行控制，具体操作如下。

步骤 01 在"开始"选项卡中单击"段落"对话框按钮 ⌐。

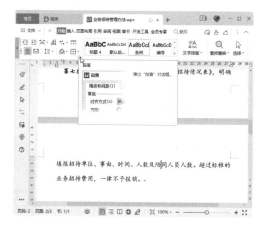

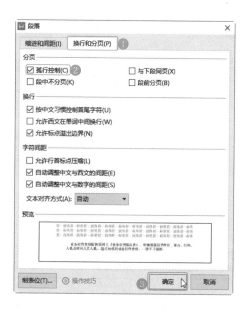

步骤 02 ❶ 弹出"段落"对话框，切换到"换行和分页"选项卡，❷ 勾选"孤行控制"复选框，❸ 单击"确定"按钮。

11.3 图文混排及表格应用技巧

若文档中全是文字，难免会让人视觉疲劳，适当地插入图片、图形或表格等对象，可以让文档看起来更加美观。掌握图文和表格的应用技巧，可以快速对文档中插入的对象进行编排。

019　绘制正方形、圆形或圆弧

WPS 文字可以绘制出多种样式的图形，但是绘制如圆形、正方形和圆弧等特殊形状时，还需要掌握一些小技巧。

下面以绘制圆形为例，介绍在 WPS 文字中绘制特殊形状的具体操作。

步骤 01 ❶ 在"插入"选项卡中单击"形状"下拉按钮，❷ 在下拉面板中选择"椭圆"选项。

🔔 **小技巧**

选择"矩形"选项，按住 Shift 键可绘制正方形；选择"弧形"选项，按住 Shift 键可绘制圆弧。

步骤 02 当鼠标指针变为十字形状时，按下 Shift 键不放，并按下鼠标左键进行拖动，绘制到合适大小后释放 Shift 键和鼠标左键完成绘制。

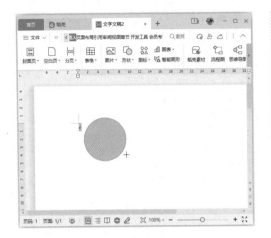

020 调整图片和文字的距离

设置图片在文档中的环绕方式后，默认情况下图片距离正文有一定的距离，如果用户觉得距离太宽或者太窄，可手动调整图片和文字的距离。

下面将图片距离正文上、下、左、右的距离都设置为1厘米，具体操作如下。

步骤 01 ❶ 打开"素材文件\第11章\活动通知.wps"文件，右击图片，❷ 在弹出的快捷菜单中选择"设置对象格式"命令。

步骤 02 ❶ 弹出"设置对象格式"对话框，切换到"版式"选项卡，❷ 单击"高级"按钮。

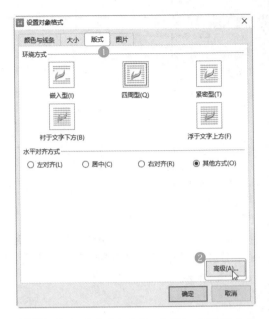

步骤 03 ❶ 弹出"布局"对话框，切换到"文字环绕"选项卡，❷ 在"距正文"栏中将图片距离正文上、下、左、右的距离都设为1厘米，❸ 单击"确定"按钮。

021 将多个对象组合在一起

当编辑文档时，若插入的对象内容相似，可在设置好各个对象后将其组合在一起，以便形成一个整体，方便日后操作。下面将多个图片和文本框组合在一起，具体操作如下。

步骤 01 打开"素材文件 \ 第 11 章 \ 促销海报 .docx"文件，按住 Shift 键不放，单击需要组合在一起的多个图片和文本框。

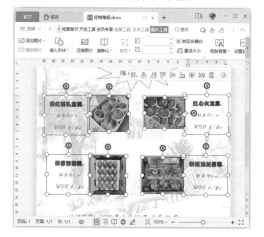

步骤 02 ❶ 选择完成后右击，❷ 在弹出的快捷菜单中选择"组合"命令，即可将选中的多个对象组合在一起。

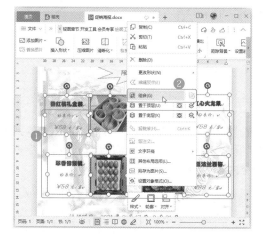

022　将文本转换为表格

对文档进行编排时，可以将某些按规律排列的文本内容转换为表格形式，这样更方便用户浏览，具体操作如下。

步骤 01 ❶ 打开"素材文件 \ 第 11 章 \ 差旅费报销标准 1.wps"文件，选中要转换为表格的文本后，切换到"插入"选项卡，❷ 单击"表格"下拉按钮，❸ 选择"文本转换成表格"命令。

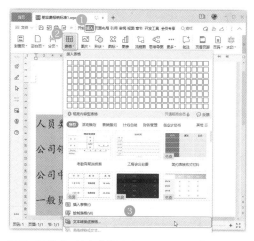

步骤 02 ❶ 弹出"将文字转换成表格"对话框，在"文字分隔位置"栏中选中"制表符"单选按钮，❷ 在"表格尺寸"栏中设置需要的列数，❸ 单击"确定"按钮。

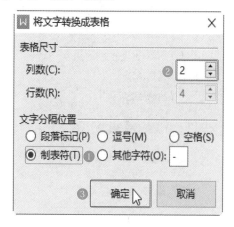

023　将表格转换为文本

对文档进行编排时，不仅可以将按规律排列的文本内容转换为表格，还可以将表格直接转换为文本。

下面将表格转换为文本，并用英文状态的逗号隔开，具体操作如下。

步骤 01 ❶ 打开"素材文件 \ 第 11 章 \ 差旅费报销标准 2.wps"文件，选中整个表格，❷ 切换到"插入"选项卡，❸ 单击"表格"下拉按钮，❹ 在下拉面板中选择"表格转换成文本"命令。

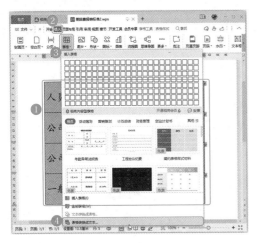

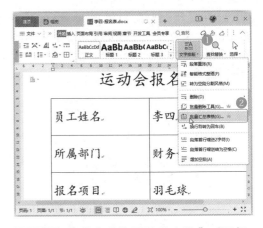

步骤 02 ❶ 弹出"表格转换成文本"对话框，选中"逗号"单选按钮，❷ 单击"确定"按钮。

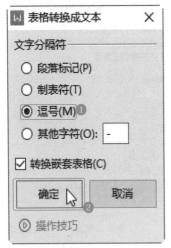

步骤 02 ❶ 弹出"批量汇总表格"对话框，使用鼠标将需要汇总的 WPS 文字文档拖动到对话框中，❷ 单击"导出汇总表格"按钮。

步骤 03 在打开的 WPS 表格窗口中，切换到"提取结果"工作表，即可看到汇总多个文字表格内容的效果。

024 批量将文字表格内容提取到 WPS 表格

在日常工作中，经常会遇到需要将收集到的多个文字表格数据进行汇总的情况，逐个记录十分麻烦，若文字表格的格式一致，可通过批量汇总表格功能汇总文字表格信息。

下面将多个报名表中的文本内容汇总到工作表，具体操作如下。

步骤 01 ❶ 打开"素材文件 \ 第 11 章 \ 李四 – 报名表 .docx"文件，在"开始"选项卡中单击"文字排版"下拉按钮，❷ 在弹出的下拉菜单中选择"批量汇总表格"命令。

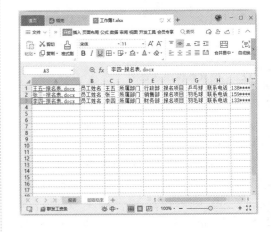

11.4　页面设置和打印技巧

为了让打印出来的文档更好地反映页面的显示效果，编辑好文档后，还需要对页面进行相应设置，因此掌握页面的设置和打印技巧是很有必要的。

025　分栏排版文档内容

默认情况下，WPS 文字中的文档排版只有一栏，为了让页面更加紧凑，可以将文档设置为两栏或者多栏排版。

下面将文档设置为三栏排版，具体操作如下。

步骤 01 ❶ 打开"素材文件\第11章\营销策划书.wps"文件，选中要分栏显示的文本内容，❷ 切换到"页面布局"选项卡，❸ 单击"分栏"下拉按钮，❹ 在弹出的下拉菜单中选择"三栏"命令。

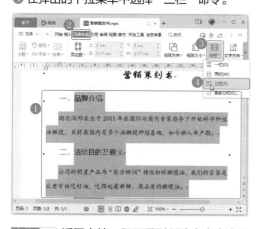

步骤 02 返回文档，即可看到所选文本内容设置为三栏排版后的效果。

026　添加页眉横线

对文档进行排版时，在页眉处添加一条横线，会让页眉看起来更加醒目，具体操作如下。

步骤 01 ❶ 打开"素材文件 \ 第11章 \ 营销策划书 .wps"文件，双击页眉或者页脚位置，进入页眉页脚编辑状态，❷ 在"页眉页脚"选项卡中单击"页眉横线"下拉按钮，❸ 在弹出的下拉菜单中选择需要的横线样式。

步骤 02 ❶ 再次单击"页眉横线"下拉按钮，❷ 在弹出的下拉菜单中选择"页眉横线颜色"命令，❸ 在展开的颜色面板中单击需要的颜色。

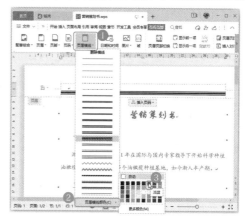

步骤 03 返回文档，单击功能区中的"关闭"按钮退出页眉页脚编辑状态。

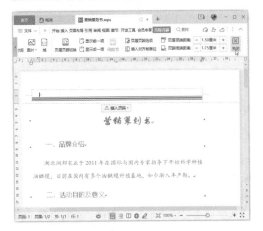

027 添加文字水印

WPS 文字提供了多种内置的文字水印供用户选择，还可以自定义水印文字，从而避免他人随意使用用户辛苦制作的文档。

下面在文档中添加"内控制度"文字水印，具体操作如下。

步骤 01 ❶ 打开"素材文件＼第 11 章＼公司财务管理办法 .wps"文件，切换到【页面布局】选项卡，❷ 单击"背景"下拉按钮，❸ 在弹出的下拉面板中选择"水印"命令，❹ 在展开的面板中选择"插入水印"命令。

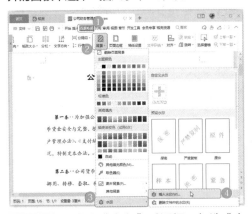

步骤 02 ❶ 弹出"水印"对话框，勾选"文字水印"复选框，❷ 根据需要设置文字水印的

内容、字体、字号、颜色和版式等选项，❸ 设置完成后单击"确定"按钮。

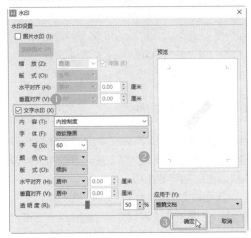

028 添加图片水印

如果用户觉得文档中添加的文字水印不够美观，还可以添加图片水印。下面将本地计算机中的某张图片设为文档水印，具体操作如下。

步骤 01 ❶ 在 WPS 文字窗口中切换到"插入"选项卡，❷ 单击"水印"下拉按钮，❸ 在弹出的下拉面板中选择"插入水印"命令。

步骤 02 ❶ 弹出"水印"对话框，勾选"图片水印"复选框，❷ 单击"选择图片"按钮。

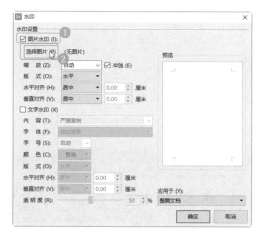

步骤 03 ❶ 弹出"选择图片"对话框，选中要设为水印的图片，❷ 单击"打开"按钮。

步骤 04 ❶ 返回"水印"对话框，在"图片水印"栏中设置图片水印的缩放比例、版式和对齐方式，❷ 设置完成后单击"确定"按钮。

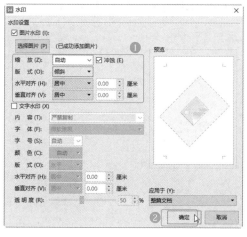

步骤 05 返回文档，即可看到添加图片水印后的效果。

029　如何打印出背景色和图像

为文档添加背景色或者背景图片后，默认并不会打印出来，如果希望打印文档时将背景色和图像全部打印出来，则需要对 WPS 文字进行设置。在 WPS 文字中设置打印背景色和图像的具体操作如下。

步骤 01 ❶ 打开"素材文件 \ 第 11 章 \ 促销海报 .docx"文件，单击"文件"下拉按钮，❷ 在弹出的菜单中选择"选项"命令。

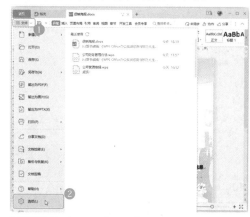

步骤 02 ❶ 弹出"选项"对话框，切换到"打印"选项卡，❷ 勾选"打印背景色和图像"复选框，❸ 单击"确定"按钮，然后再执行打印操作即可打印出背景色和图像。

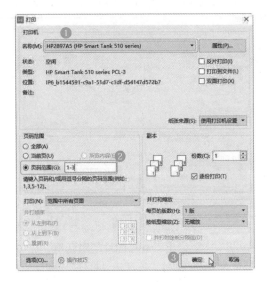

030 设置页码打印范围

在实际工作中，一个文档通常包含多页，如果只需将其中部分页面打印出来，可在打印前设置打印范围。

下面以打印文档的 1 ~ 3 页为例进行说明，具体操作如下。

步骤 01 ❶ 打开"素材文件\第 11 章\公司财务管理办法 .wps"文件，单击"文件"下拉按钮，❷ 在菜单中选择"文件"命令，❸ 在展开的子菜单中选择"打印"命令。

步骤 02 ❶ 弹出"打印"对话框，单击"名称"下拉列表框，选择打印机，❷ 在"页码范围"栏中选中"页码范围"单选按钮，在右侧的文本框中输入"1-3"，❸ 单击"确定"按钮。

小提示

如果只需要打印光标所在的那一页，打开"打印"对话框后，在"页码范围"栏中选中"当前页"单选按钮并单击"确定"按钮，然后直接打印即可。

031 双面打印文档

默认情况下，打印出来的文档都是单面的，在一些非正式场合打印长篇文档时，为了节约纸张，可以进行双面打印，具体操作如下。

步骤 01 ❶ 打开"素材文件\第 11 章\公司财务管理办法 .wps"文件，单击"文件"下拉按钮，❷ 在弹出的菜单中选择"文件"命令，❸ 在展开的子菜单中选择"打印"命令。

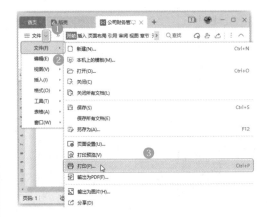

步骤 [02] ❶ 弹出"打印"对话框，在"打印机"栏中单击"名称"下拉列表框，选择打印机，❷ 勾选"双面打印"复选框，❸ 单击"确定"按钮。

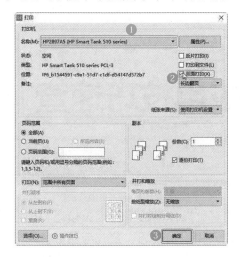

小提示

设置双面打印时，可看到"双面打印"复选框下方有个下拉列表框，这里选择的是纸张的进纸方向，默认选择"长边翻页"，表示竖向打印双面，还有个选项为"短边翻页"，表示横向打印双面。

✏️ 读书笔记

第  章

WPS 表格组件应用技巧速查

本章
导读

本章主要讲解关于 WPS 表格组件的基础操作与应用的相关技巧，内容包括：工作簿与工作表管理技巧、数据录入和编辑技巧、公式与函数使用技巧及页面设置与打印技巧。掌握这些技巧，一方面可以提高使用 WPS 表格处理和分析数据的效率，另一方面也方便读者在操作使用过程中，通过这些技巧速查来解决相关问题。

知识
技能

本章相关技巧应用及内容安排如下图所示。

```
                                    ┌─ 6个工作簿与工作表管理技巧

                                    ├─ 6个数据录入和编辑技巧
        WPS表格组件应用技巧速查 ──┤
                                    ├─ 6个公式与函数使用技巧

                                    └─ 6个页面设置与打印技巧
```

12.1　工作簿与工作表管理技巧

工作表是计算和存储数据的载体，一个工作簿中可以包含多个工作表。本节将介绍工作簿和工作表使用过程中的常见操作技巧。

032　保护与撤销保护工作簿

一个工作簿可以插入多个工作表，如果用户只想保留必要的工作表，可以通过保护工作簿操作禁止其他用户对工作簿执行插入或删除工作表操作，具体操作如下。

步骤 01 ❶ 打开"素材文件 \ 第 12 章 \ 员工档案表 .et"文件，切换到"审阅"选项卡，❷ 单击"保护工作簿"按钮。

步骤 02 ❶ 弹出"保护工作簿"对话框，在"密码"文本框中输入密码，❷ 单击"确定"按钮。

步骤 03 ❶ 弹出"确认密码"对话框，在文本框中再次输入上一步设置的密码，❷ 单击"确定"按钮。

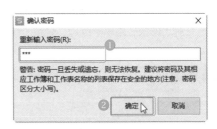

小提示

执行保护工作簿操作后，右击工作簿中的工作表标签，可看到"插入工作表""删除工作表"等快捷菜单命令处于不可选状态，无法执行插入工作表等操作。

步骤 04 若要撤销保护，可在"审阅"选项卡中单击"撤销工作簿保护"按钮。

步骤 05 ❶ 弹出"撤销工作簿保护"对话框，在"密码"文本框中输入之前设置的密码，❷ 单击"确定"按钮。

033　隐藏和显示工作表

　　若不希望工作表中的内容被其他人看到，可以将工作表隐藏起来，需要的时候再将其显示出来，隐藏和显示工作表的具体操作如下。

步骤 01 ❶ 打开"素材文件\第12章\员工档案表.et"文件，右击要隐藏的工作表标签，❷ 在弹出的快捷菜单中选择"隐藏工作表"命令。

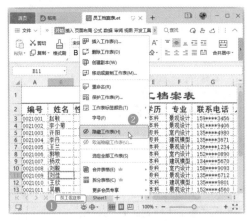

步骤 02 ❶ 此时所选工作表将被隐藏起来，使用鼠标右击工作簿中显示的任意工作表标签，❷ 在弹出的快捷菜单中选择"取消隐藏工作表"命令。

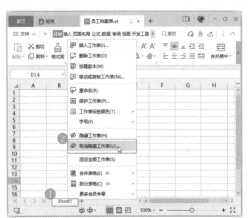

步骤 03 ❶ 弹出"取消隐藏"对话框，选中要显示的工作表，❷ 单击"确定"按钮，即可将其显示出来。

034　复制工作表

　　当新工作表中有许多数据和格式与已有工作表中的数据和格式相同时，可通过复制工作表来提高工作效率。

　　下面将某个工作表复制到工作簿最后，具体操作如下。

步骤 01 ❶ 打开"素材文件\第12章\销售业绩表.et"文件，右击要复制的工作表标签，❷ 在弹出的快捷菜单中选择"移动或复制工作表"命令。

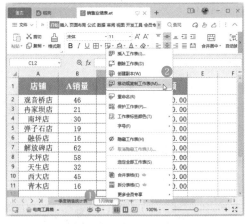

步骤 02 ❶ 弹出"移动或复制工作表"对话框，在列表框中选择工作表要复制到的目标位置，❷ 勾选"建立副本"复选框，❸ 单击"确定"按钮。

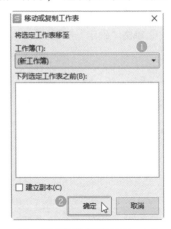

择"（新工作簿）"选项，❷ 单击"确定"按钮。

小技巧

在"移动或复制工作表"对话框中，若不勾选"建立副本"复选框，执行的将是移动工作表的操作。

小技巧

执行移动工作表操作后，原文档中的工作表将不复存在，而会转移到新工作簿中，若勾选"建立副本"复选框，执行的将是复制工作表操作。

035　将工作表移动到新工作簿中

在 WPS 表格中不仅可以在同一个工作簿中复制和移动工作表，还可以将工作表复制和移动到其他工作簿中。

下面将工作表移动到新工作簿中，具体操作如下。

步骤 01　❶ 打开"素材文件 \ 第 12 章 \ 销售业绩表 .et"文件，右击要移动的工作表标签，❷ 在弹出的快捷菜单中选择"移动或复制工作表"命令。

036　锁定并隐藏单元格公式

编辑 WPS 表格时，如果不希望他人更改工作表中的公式，可以先锁定和隐藏包含公式的单元格或单元格区域，然后为其设置密码即可。

下面将单元格区域设置为锁定并隐藏公式，具体操作如下。

步骤 01　❶ 选中要锁定并隐藏公式的单元格区域，❷ 右击，在弹出的快捷菜单中选择"设置单元格格式"命令。

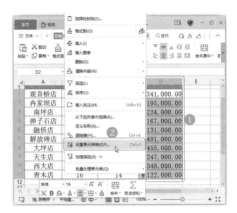

步骤 02　❶ 单击"工作簿"下拉列表框，选

步骤 02 ❶ 弹出"单元格格式"对话框，切换到"保护"选项卡，❷ 勾选"锁定"和"隐藏"复选框，❸ 单击"确定"按钮。

步骤 03 ❶ 返回工作表，保持单元格区域为选中状态，切换到"审阅"选项卡，❷ 单击"保护工作表"按钮。

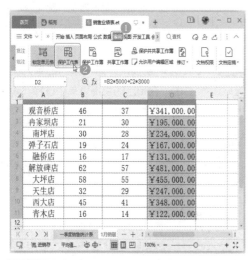

步骤 04 ❶ 弹出"保护工作表"对话框，在"密码"文本框中输入密码，❷ 单击"确定"按钮。

步骤 05 ❶ 弹出"确认密码"对话框，在文本框中再次输入上一步中设置的密码，❷ 单击"确定"按钮。

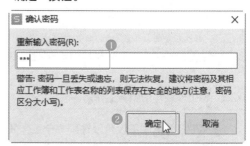

步骤 06 返回工作表，选中刚才设置的单元格区域中的任意单元格，即可发现此单元格的公式被隐藏起来了，而且也无法对工作表进行修改。

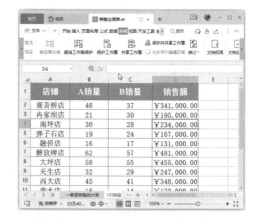

037 拖动工作表时让某些区域始终可见

当工作表中的行数或者列数太多时，屏幕

上无法一次性显示全部内容，此时可以通过冻结窗格功能锁定工作表中的部分行或列，使其在其他部分滚动时始终可见。下面冻结工作表中的"编号"和"姓名"列，具体操作如下。

步骤 01　❶ 打开"素材文件\第 12 章\员工档案表 .et"文件，选中正常显示的第一列所在的任意单元格或者选中此列，❷ 切换到"视图"选项卡，❸ 单击"冻结窗格"下拉按钮，❹ 在弹出的下拉菜单中选择"冻结至第 B 列"命令。

步骤 02　❶ 拖动滚动条可看到"编号"和"姓名"列不随右侧的数据区域一起移动，❷ 单击"冻结窗格"下拉按钮，❸ 在弹出的下拉菜单中选择"取消冻结窗格"命令，可取消冻结窗格操作。

12.2　数据录入和编辑技巧

在日常工作中，数据的录入与编辑是很常见的工作，掌握数据录入与编辑的技巧，可以提高工作效率，使工作变得更加得心应手。

038　将小数转换为分数

在 WPS 表格中录入数据时，有时需要录入分数，此时用户可以先录入小数，然后通过设置单元格格式将其转换为分数，具体操作如下。

步骤 01　❶ 选中录入的小数，右击，❷ 在弹出的快捷菜单中选择"设置单元格格式"命令。

步骤 02 ❶ 弹出"单元格格式"对话框，在"数字"选项卡的"分类"列表框中选中"分数"选项，❷ 在右侧的"类型"列表框中选择需要显示的分数类型，❸ 单击"确定"按钮。

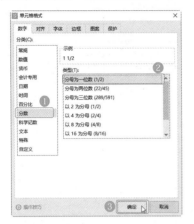

步骤 03 在返回的表格中，即可看到小数转换为分数的效果。

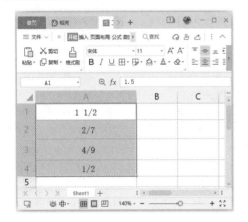

039　设置单元格内换行

在单元格中进行编辑时，若内容太长，可在"开始"选项卡中单击"自动换行"按钮，此时单元格内容会根据列宽自动换行。如果要自定义单元格内容的换行位置，可通过快捷键实现。

要在单元格内容的任意位置换行，方法为：将光标定位在要换行的位置，按下 Alt+Enter 组合键，即可实现单元格内换行。

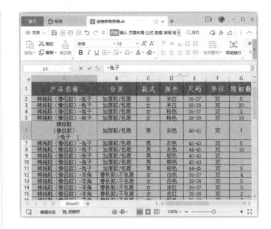

040　设置表格编辑时按下 Enter 键移动方向

默认情况下，在 WPS 表格中编辑数据时，按下 Enter 键会自动跳转到下一行，若希望按下 Enter 键后跳转到其他单元格，可对其进行设置。

下面设置按下 Enter 键后跳转到右侧单元格，具体操作如下。

步骤 01 ❶ 单击 WPS 程序窗口中的"文件"下拉按钮，❷ 在菜单中选择"选项"命令。

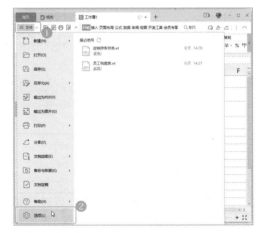

步骤 02 ❶ 弹出"选项"对话框，在左侧的导航窗格中切换到"编辑"选项卡，❷ 在右侧的"编辑设置"栏中单击"按 Enter 键后移动"复选框右侧的"方向"下拉按钮，选择"向右"选项，❸ 单击"确定"按钮。

041　将横行和竖列互换

在实际工作中，经常遇到需要将行转为列的情况，此时逐个地复制和粘贴单元格非常麻烦，通过下面的小技巧可以快速实现横行和竖列的互换，具体操作如下。

步骤 01 ❶ 打开"素材文件 \ 第 12 章 \ 员工档案表 .et"文件，选中要将横行和竖列互换的区域，❷ 在"开始"选项卡中单击"复制"按钮。

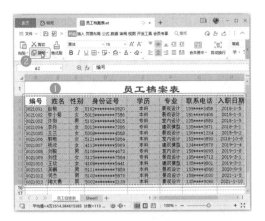

步骤 02 ❶ 选中要粘贴转置内容的单元格，右击，❷ 在弹出的快捷菜单中选择"选择性粘贴"命令，❸ 在展开的子菜单中选择"粘贴内容转置"命令。

步骤 03 返回即可看到将横行和竖列互换的效果。

042　制作下拉列表快速录入数据

在表格中录入数据时，经常遇到需要录入大量随机重复数据的情况，此时通过制作一个下拉列表就可以轻松完成重复数据的录入，具体操作如下。

步骤 01 ❶ 打开"素材文件 \ 第 12 章 \ 员工档案表 1.et"文件，选中要添加下拉列表的单元格区域，❷ 切换到"数据"选项卡，❸ 单击"下拉列表"按钮。

步骤 02 ❶ 弹出"插入下拉列表"对话框，选中"手动添加下拉选项"单选按钮，❷ 在下方录入第一个选项，❸ 单击右上方的绿色加号按钮。

步骤 03 ❶ 按照前面的操作方法继续添加其他下拉选项，❷ 设置完成后单击"确定"按钮。

步骤 04 ❶ 返回工作表，单击设置好的单元格，其右侧将会显示一个下拉按钮，单击该按钮，❷ 在展开的下拉列表中单击需要录入的信息，即可将其快速录入单元格中。

043 高亮显示并删除重复项

使用 WPS 表格进行办公时，经常需要对繁杂的数据进行处理，如果数据中包含重复的内容，查找和处理起来就十分麻烦，此时可以通过查找重复项快速查找重复的数据，然后再将其删除。

下面查找并删除"产品销量统计表"中的重复项，具体操作如下。

步骤 01 ❶ 打开"素材文件 \ 第 12 章 \ 产品销量统计表 .xlsx"文件，切换到"数据"选项卡，❷ 单击"重复项"下拉按钮，在弹出的下拉菜单中选择"设置高亮重复项"命令。

步骤 02 弹出"高亮显示重复值"对话框，文本框中默认选择了要筛选的单元格区域，本例中直接单击"确定"按钮。

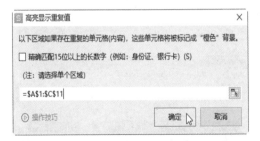

步骤 03 返回工作表，可看到重复项以橙色背景高亮显示。

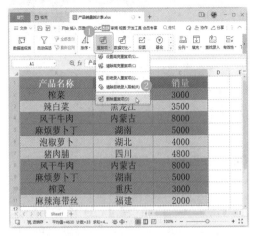

步骤 04 ❶ 若要删除重复项，可在"数据"选项卡中单击"重复项"按钮，❷ 在弹出的下拉菜单中选择"删除重复项"命令。

步骤 05 ❶ 弹出"删除重复项"对话框，设置要删除的重复项的列，❷ 设置完成后单击"删除重复项"按钮。

步骤 06 在弹出的提示对话框中可看到删除的重复项数量和保留的数量，单击"确定"按钮。

步骤 07 返回工作表，即可看到删除重复项后的效果。

12.3 公式与函数使用技巧

WPS 表格是一款强大的数据处理软件，掌握公式和函数的使用技巧，有助于加强文档的数据计算能力。

044 使用 UNIQUE 函数去除重复项

除了在"数据"选项卡中通过"删除重复项"功能删除单元格区域中的重复内容外，还可以通过 UNIQUE 函数去除重复项，具体操作如下。

步骤 01 打开"素材文件\第12章\库存表.et"文件，选中要显示结果的单元格区域，在其中输入"=UNIQUE()"，将光标定位在括号中，在显示的公式中单击"数组"参数。

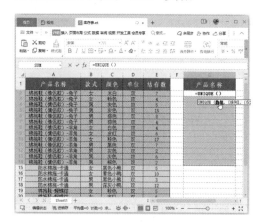

🔔 小提示

UNIQUE 函数由三个参数构成：第一个参数为"数组"，表示筛选重复项的单元格区域；第二个参数表示按列还是按行去重，按列为 TRUE，按行为 FALSE；第三个参数为 TRUE 表示返回只出现一次的项，为 FALSE 表示返回每个不同的项。

步骤 02 拖动鼠标选择要筛选的单元格区域，所选区域将自动显示在"数组"参数中。

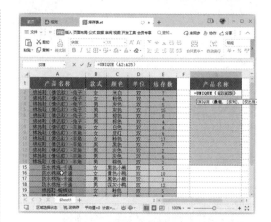

步骤 03 在"数组"参数后输入英文状态的逗号"，"，将第二个和第三个参数都设为 FALSE，参数之间用英文状态的逗号"，"隔开，完整公式为"=UNIQUE(A2:A25,FALSE,FALSE)"，录入完成后按下 Ctrl+Shift+Enter 组合键确认即可看到结果。

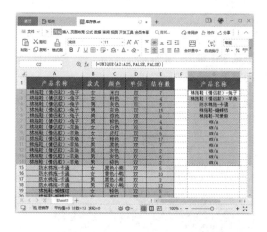

045 使用 Filter 函数筛选符合条件的数据

Filter 函数可以基于设置的条件筛选数据由"数组""包括"和"空值"三个参数所构成。下面筛选"棉拖鞋 – 蝴蝶结"产品的颜色，具体操作如下。

步骤 01 打开"素材文件\第 12 章\库存表.et"文件,选中要显示结果的单元格区域,输入"=FILTER(C2:C25,A2:A25="棉拖鞋 – 蝴蝶结")"。

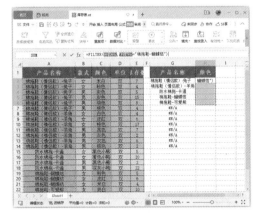

步骤 02 按下 Ctrl+Shift+Enter 组合键确认,即可看到筛选结果。

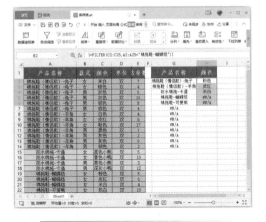

小提示

本例是筛选产品的颜色,故第一个参数为"颜色"列;第二个参数为条件区域,设置好条件区域后必须输入具体的条件,这样才能按照产品来筛选对应的颜色。

046　使用 COUNTIF 函数统计指定条件的结果

在进行数据统计分析时,经常遇到需要根据指定的条件统计出结果个数的情况,此时可以通过 COUNTIF 函数实现。

下面统计"结存数"大于 10 的产品种类个数,具体操作如下。

步骤 01 ❶ 打开"素材文件\第 12 章\库存表.et"文件,设置好筛选条件,并选中要显示统计结果的单元格,❷ 切换到"公式"选项卡,❸ 单击"插入函数"按钮。

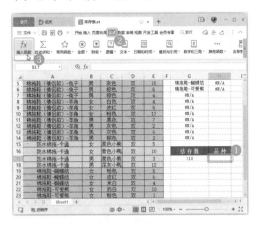

小提示

COUNTIF 函数的语法为 COUNTIF(range, criteria):参数 range 表示要计算的单元格区域;参数 criteria 用于确定哪些单元格将被计算在内。

步骤 02 ❶ 弹出"插入函数"对话框,在"查找函数"文本框中输入 COUNTIF,❷ 在下方的列表框中选中该函数,❸ 单击"确定"按钮。

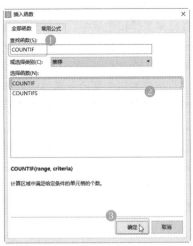

步骤 03 ❶弹出"函数参数"对话框，在"区域"文本框中设置"结存数"列，在"条件"文本框中设置条件所在的单元格，❷单击"确定"按钮。

步骤 04 按下 Ctrl+Shift+Enter 组合键确认，即可得到统计的符合条件的个数。

047 使用 PMT 函数计算分期还款额

在日常工作和生活中，经常遇到需要基于固定的利率和等额分期付款的方式计算贷款的每期还款额的情况，此时可以使用 PMT 函数实现。在表格中假定一系列的利率、还款期数和还款总额，计算每期还款额的方法如下。

步骤 01 ❶打开"素材文件\第12章\分期还款额.xlsx"文件，选中要计算分期还款额的单元格，❷切换到"公式"选项卡，❸单击"插入函数"按钮。

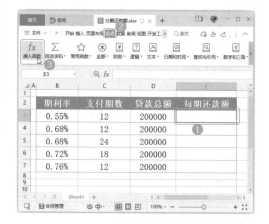

步骤 02 ❶弹出"插入函数"对话框，单击"或选择类别"下拉列表框，选择"财务"选项卡，❷在下方的"选择函数"列表框中选择 PMT 函数，❸单击"确定"按钮。

🔔 小提示

PMT 函数的语法格式为 PMT(rate, nper, pv, fv, type)：其中参数 rate 表示贷款利率；参数 nper 表示贷款的付款总数；参数 pv 表示现值，也称为本金；参数 fv 表示未来值，也就是最后一次付款后得到的现金余额；参数 type 用来指定各期的付款时间是期初还是期末。

步骤 03 弹出"函数参数"对话框，单击"利率"文本框右侧的折叠按钮。

步骤 04 ❶ 在工作表中，选择对应的当期利率，本例选择 B3 单元格，❷ 单击"函数参数"对话框右侧的折叠按钮 。

步骤 05 ❶ 返回"函数参数"对话框，设置当期利率对应的"支付总期数"为 C3、"现值"为 D3，"终值"为 0，"是否期初支付"为 1，❷ 单击"确定"按钮。

利率	B3	= 0.0055
支付总期数	C3	= 12
现值	D3	= 200000
终值	0	= 0
是否期初支付	1	= 1

🔔 **小提示**

"终值"设为 0 表示到最后一期时，贷款金额全部还完；"是否期初支付"设为 1 表示每月初支付，期末支付则设为 0。

步骤 06 返回工作表，即可看到基于所选当期利率、支付期数和贷款总额计算出来的每期还款额。

步骤 07 选中结果所在的单元格，将光标指向单元格右下角，当其变为黑色十字形状时按下鼠标左键向下拖动，将公式复制到其他需要的单元格中，释放鼠标左键即可得到计算结果。

期利率	支付期数	贷款总额	每期还款额
0.55%	12	200000	￥-17,174.03
0.68%	12	200000	￥-17,294.88
0.68%	24	200000	￥-8,998.87
0.72%	18	200000	￥-11,801.58
0.76%	12	200000	￥-17,369.42

048　使用 SLN 函数计算固定折旧值

在日常工作中计算某项资产的折旧值时，常用的方法有平均年限法、工作量法、年数总和法和双倍余额递减法，其中平均年限法是最常用且最简单的。平均年限法采用固定资产的原值减去预计的净残值，然后除以预计的使用年限，从而得到每年或者每月的折旧费用。

假设某固定资产原值为 60000 元，按 5% 的残值率得到净残值为 3000 元，预计使用年限为 3 年，使用 SLN 函数计算固定折旧值的具体操作如下。

步骤 01 ❶ 打开"素材文件\第 12 章\计算折旧值.xlsx"文件，选中要计算固定折旧值的单元格，❷ 切换到"公式"选项卡，❸ 单击"插入函数"按钮。

步骤 02 ❶ 弹出"插入函数"对话框，单击"或选择类别"下拉列表框，选择"财务"选项，❷ 在下方的"选择函数"列表框中选择 SLN 函数，❸ 单击"确定"按钮。

步骤 03 弹出"函数参数"对话框，单击"原值"文本框右侧的折叠按钮 。

步骤 04 ❶ 在工作表中，选中资产原值所在的单元格，本例选择 D3 单元格，❷ 单击"函数参数"对话框右侧的折叠按钮 。

步骤 05 ❶ 返回"函数参数"对话框，按照前面的操作设置"残值"和"折旧期限"，❷ 设置完成后单击"确定"按钮。

🔔 小技巧

以 3 年为例，若按年计算折旧值，"折旧期限"设为 3；若按月计算折旧值，则将"折旧期限"设为 36。

步骤 06 返回工作表，即可看到基于资产原值、残值和折旧年限计算得到的每年折旧值了。

小提示

　　不同的折旧方式，计算折旧值使用的函数不一样，例如，平均年限法，即线性折旧法，使用 SLN 函数；年数总和法，使用 SYD 函数；双倍余额递减法，使用 VDB 函数。

049　使用自定义名称计算数据

　　使用公式和函数进行计算时，可以为需要引用的单元格区域设置名称，用名称代替单元格引用后，更方便用户直观地理解公式。

　　下面自定义设置"B2:B11"和"C2:C11"单元格区域名称，并使用 SUM 函数统计两个单元格区域的数量，使用自定义名称计算数据的具体操作如下。

步骤 01 ❶ 打开"素材文件\第 12 章\销售业绩表 .et"文件，切换到"公式"选项卡，❷ 单击"名称管理器"按钮。

步骤 02 弹出"名称管理器"对话框，单击"新建"按钮。

步骤 03 ❶ 弹出"新建名称"对话框，在"名称"文本框中自定义第一个名称，❷ 单击"引用位置"文本框右侧的折叠按钮。

步骤 04 ❶ 拖动鼠标选择第一个名称的单元格引用区域"B2:B11"，❷ 单击折叠按钮。

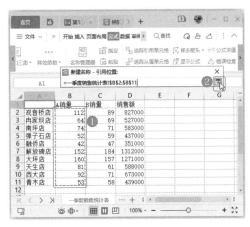

步骤 05 返回"新建名称"对话框，单击"确定"按钮。

步骤 06 按照前面的操作方法继续为其他单元格引用区域自定义名称，完成后单击"关闭"按钮。

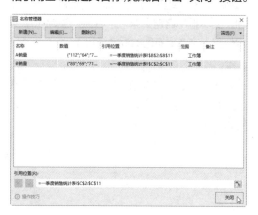

步骤 07 在单元格中输入公式"=SUM(A 销量 ,B 销量)"，其中"A 销量"和"B 销量"为上一例中自定义的单元格引用的名称，按下 Enter 键即可得到计算结果。

✏️ 读书笔记

12.4 页面设置与打印技巧

为了保证打印的效果符合工作需求，打印工作表前需要进行相应的页面设置，因此掌握工作表的页面设置和打印技巧是很有必要的。

050　重复打印标题行

打印大型工作表时，默认情况下不会在每页都打印标题行，为了让打印内容更加美观，更利于用户浏览，可以设置让打印出来的每一页都显示标题行。

在 WPS 表格中设置重复打印标题行的具体操作如下。

步骤 01 ❶ 打开"素材文件 \ 第 12 章 \ 进销存库存表 .et"文件，切换到"页面布局"选项卡，❷ 单击"打印标题"按钮。

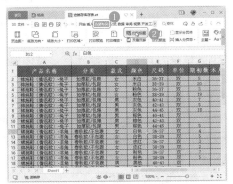

步骤 02 ❶ 弹出"页面设置"对话框，切换到"工作表"选项卡，❷ 根据需要单击"打印标题"栏中的折叠按钮，本例的顶端为标题行，所以单击"顶端标题行"文本框右侧的折叠按钮。

步骤 03 ❶ 使用鼠标选择工作表中的标题行，❷ 单击"页面设置"对话框中的折叠按钮。

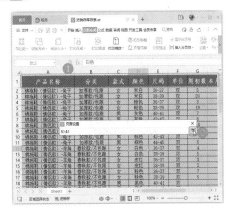

步骤 04 返回"页面设置"对话框，单击"确定"按钮，然后再执行打印工作表操作即可重复打印标题行。

051　将行号和列标打印出来

默认情况下，使用 WPS 表格打印工作表时不会打印行号和列标，要在打印的纸张中显示行号和列标，需要进行相应的设置，具体操作如下。

步骤 01 ❶ 打开"素材文件 \ 第 12 章 \ 进销

存库存表 .et"文件，切换到"页面布局"选项卡，❷ 单击"页面设置"对话框按钮。

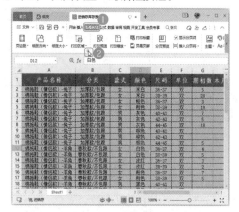

步骤 02 ❶ 弹出"页面设置"对话框，切换到"工作表"选项卡，❷ 勾选"行号列标"复选框，❸ 单击"确定"按钮。

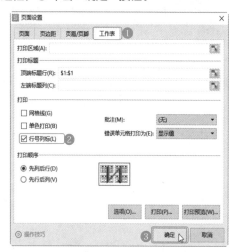

步骤 03 返回工作表，单击"打印预览"按钮。

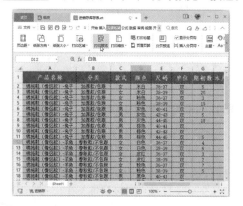

步骤 04 进入打印预览界面，即可看到打印行号和列标的效果。

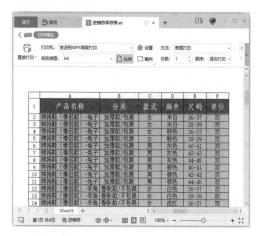

052 打印指定的单元格区域

在实际工作中，经常会遇到只需要打印表格部分内容的情况，此时可以通过设置打印区域来打印指定的单元格，具体操作如下。

步骤 01 ❶ 打开"素材文件＼第12章＼进销存库存表 .et"文件，选定要打印的单元格区域，❷ 切换到"页面布局"选项卡，❸ 单击"打印区域"下拉按钮，❹ 在弹出的下拉菜单中选择"设置打印区域"命令。

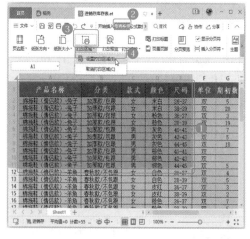

步骤 02 按照前面的操作方法进入打印预览

界面，即可看到打印指定单元格区域的效果。

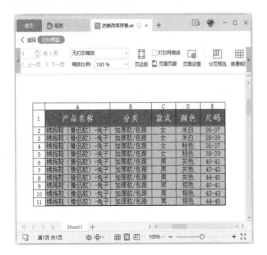

053　将多页打印在一页纸上

在实际工作中，有时需要将制作的多页工作表在一页中显示出来，此时可以使用缩放打印功能，具体操作如下。

步骤 01 ❶ 打开"素材文件 \ 第 12 章 \ 进销存库存表 .et"文件，切换到"页面布局"选项卡，❷ 单击"打印缩放"下拉按钮，❸ 在弹出的下拉菜单中选择"将整个工作表打印在一页"命令。

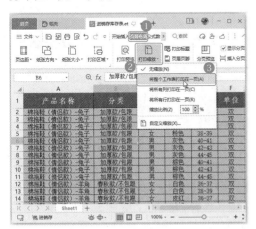

步骤 02 按照前面的操作方法进入打印预览界面，即可看到将多页打印在一张纸上的效果。

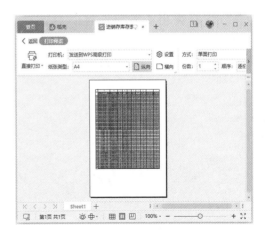

054　自定义表格页边距

制作好表格后，为了让打印出来的表格更加符合预期效果，通常需要对表格的页边距进行设置，页边距即工作表的正文内容与页面边缘之间的距离。自定义设置页边距的具体操作如下。

步骤 01 ❶ 打开"素材文件 \ 第 12 章 \ 销售业绩表 2.et"文件，切换到"页面布局"选项卡，❷ 单击"页边距"下拉按钮，❸ 在展开的下拉菜单中选择"自定义页边距"命令。

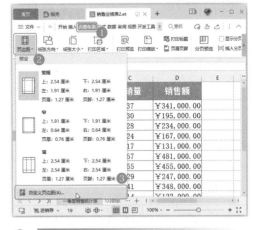

🔔 小提示

WPS 表格提供了几种常用的页边距样式供用户选择，在下拉列表中可根据实际需要选择常规页边距、宽页边距或窄页边距。

步骤 02 ❶ 弹出"页面设置"对话框，在"页边距"选项卡中根据需要设置正文到页面上、下、左、右边缘的距离，❷ 单击"确定"按钮。

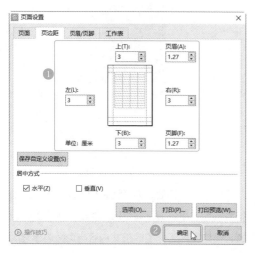

步骤 03 ❶ 返回工作表，单击"文件"下拉按钮，❷ 在弹出的菜单中选择"文件"命令，❸ 在展开的子菜单中选择"打印预览"命令。

步骤 04 进入打印预览界面，可预览打印效果。

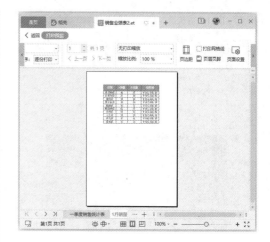

055 避免打印工作表中的错误值

在工作表中使用和公式和函数后，经常会遇到因各种原因出现错误值的情况，打印工作表时，为了不影响美观，可以通过设置避免打印错误值，具体操作如下。

步骤 01 ❶ 打开"素材文件\第12章\库存表.et"文件，切换到"页面布局"选项卡，❷ 单击"页面设置"对话框按钮 。

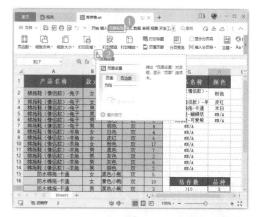

步骤 02 ❶ 弹出"页面设置"对话框，切换到"工作表"选项卡，❷ 单击"错误单元格打印为"下拉列表框，选择"＜空白＞"选项，

❸ 单击"确定"按钮。

步骤 03 按照前面的操作方法进入打印预览界

面，即可看到原本显示错误值的单元格显示为
空白的效果。

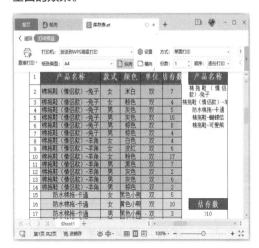

✏️ 读书笔记

第13章

WPS 演示组件应用技巧速查

本章导读

　　本章主要讲解关于 WPS 演示组件的基础操作与应用的相关技巧，内容包括：幻灯片编辑技巧、幻灯片动画设计技巧及演示文稿放映与输出技巧。掌握这些技巧，一方面可以提高 WPS 演示组件的使用效率，另一方面也方便读者在操作使用过程中，通过这些技巧速查来解决相关问题。

知识技能

　　本章相关技巧应用及内容安排如下图所示。

```
                                    ┌─── 5个幻灯片编辑技巧
                                    │
WPS演示组件应用技巧速查 ──────────────┼─── 4个幻灯片动画设计技巧
                                    │
                                    └─── 6个演示文稿放映与输出技巧
```

13.1 幻灯片编辑技巧

前面的章节介绍了幻灯片的基本操作方法，为了让幻灯片更加生动，还需要掌握幻灯片的编辑技巧，例如音频和视频编辑技巧等。

056　对幻灯片进行分组

制作大型演示文稿时，由于文档中包含大量的幻灯片，导致用户不容易判断当前文本在整篇文档中的位置，此时可以使用"节"功能对幻灯片进行分组管理，具体操作如下。

步骤 01 ❶ 打开"素材文件\第 13 章\年度工作报告 .pptx"文件，单击状态栏中的"幻灯片浏览"按钮 ，进入幻灯片浏览视图，❷ 右击某张幻灯片，❸ 在弹出的快捷菜单中选择"新增节"命令。

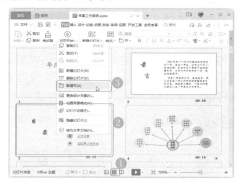

步骤 02 ❶ 此时，当前所选幻灯片前面的幻灯片被划分为一个节，当前幻灯片及后面的幻灯片被划分为另一个节，右击节标题，❷ 在弹出的快捷菜单中选择"重命名节"命令。

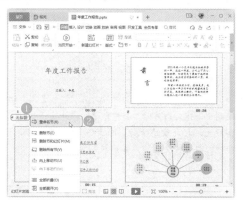

步骤 03 ❶ 弹出"重命名"对话框，在文本框中输入该组的名称，❷ 单击"重命名"按钮。

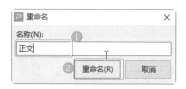

步骤 04 按照前面的操作方法继续为演示文稿中的其他部分进行分组。

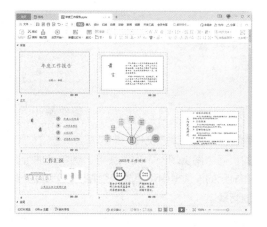

057　在幻灯片中插入音频

在编辑演示文稿时，可以在文档中添加音频文件，从而让文档的播放效果更加生动，具体操作如下。

步骤 01 ❶ 打开"素材文件\第 13 章\年度工作报告 .pptx"文件，在左侧导航窗格中选中要插入音频文件的幻灯片，❷ 切换到"插入"选项卡，❸ 单击"音频"下拉按钮，❹ 在弹出的下拉菜单中选择"嵌入音频"命令。

步骤 02 ❶弹出"插入音频"对话框，选中要插入的音频文件，❷单击"打开"按钮。

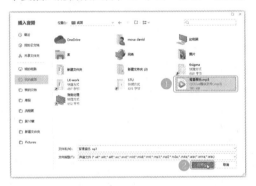

步骤 03 返回演示文稿，即可看到所选幻灯片的页面中间出现一个喇叭图标，选中此图标，在显示的浮选框中可播放音频并设置音频的播放音量。

在幻灯片中添加音频文件后，默认情况下，放映到此张幻灯片时，音频文件将自动播放。

058 让音频跨幻灯片连续播放

默认情况下，在幻灯片中插入音频文件后，进入下一张幻灯片时，若上一张幻灯片中的音乐未播放完毕，下一张幻灯片是不会继续播放的。若希望插入的音频能在其他幻灯片中继续播放，可设置跨幻灯片连续播放。

操作方法为：❶ 选中幻灯片中的喇叭图标，❷ 在"音频工具"选项卡中选中"跨幻灯片播放"单选按钮，右侧微调框中默认显示当前演示文稿中的幻灯片总数，用户也可以根据需要设置音频连续播放的幻灯片数量，❸ 为了避免音频播放完时幻灯片还未播放完的麻烦，可勾选"播放完返回开头"复选框，设置完成后保存文档。

如果用户希望播放幻灯片时自动播放音频，切换到下一张幻灯片时不会中断播放，并且还会连续播放至幻灯片放映结束，可单击"设为背景音乐"按钮，将音频文件设为背景音乐。

059　在幻灯片中插入视频

在编辑演示文稿时，为了给观看者带来更强烈直观的视觉效果，还可以在幻灯片中插入视频来配合解说。

例如，要在演示文稿中插入一个视频文件，具体操作如下。

步骤 01 ❶ 在 WPS 演示窗口中，切换到"插入"选项卡，❷ 单击"视频"下拉按钮，❸ 在弹出的下拉菜单中选择"嵌入本地视频"命令。

步骤 02 ❶ 弹出"插入视频"对话框，选中要插入的视频文件，❷ 单击"打开"按钮。

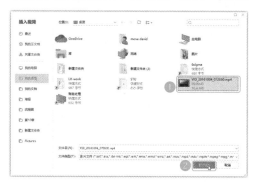

060　让插入的视频自动播放

默认情况下，在幻灯片中插入视频文件后，放映时需要单击"播放"按钮才会开始播放。为了让幻灯片放映更加流畅，用户可以设置让插入的视频在放映时自动播放。

设置视频在幻灯片放映时自动播放的具体操作如下。

步骤 01 ❶ 选中插入的视频文件，❷ 在"视频工具"选项卡中单击"开始"选项下方的下拉列表框，选择"自动"选项。

步骤 02 进入幻灯片放映模式，即可看到视频自动播放的效果。

✏ 读书笔记

13.2 幻灯片动画设计技巧

在演示文稿中添加动画效果，可以让幻灯片在播放时更加生动、流畅，掌握幻灯片的动画设计技巧，可以帮助用户快速制作生动有趣的幻灯片。

061　为一个对象添加多个动画效果

为了让幻灯片在播放时更加流畅，可以为一个对象设置多个动画效果。下面以为图片添加进入和退出效果为例，介绍在 WPS 演示文稿中为对象添加多个动画效果的方法。

步骤 01 ❶ 打开"素材文件\第13章\活动策划书.pptx"文件，选中要添加动画效果的图片，❷ 切换到"动画"选项卡，❸ 单击"动画效果"下拉列表框。

步骤 02 在展开的下拉面板中单击需要的"进入"动画效果选项。

步骤 03 ❶ 弹出"动画窗格"对话框，选中添加效果的对象，❷ 单击"添加效果"下拉按钮。

步骤 04 在展开的下拉面板中选择一种"退出"动画效果。

步骤 05 此时在"动画窗格"对话框的列表框中即可看到该图片设置了两种动画效果，单击

"播放"按钮即可预览。

062　调整动画效果显示顺序

在幻灯片中可以为多个对象设置动画效果，还可以为一个对象设置多个动画效果，设置后若对动画的显示顺序不满意，还可以调整。

下面将上一例中的"进入"动画效果调整为此张幻灯片显示的第一个动画效果，具体操作如下。

步骤 01　在"动画窗格"对话框中选中图片的"进入"动画效果，当鼠标指针变为双向箭头时，按下鼠标左键进行拖动。

步骤 02　将该图片的"进入"动画效果拖动到列表框的最上方，释放鼠标左键。

步骤 03　单击"播放"按钮，即可查看调整顺序后的动画效果。

063　删除某个动画效果

为对象添加动画效果后，如果对添加的效果不满意，可以将其删除，具体操作如下。

步骤 01 ❶ 在"动画窗格"对话框中选中要删除的动画效果，❷ 单击"删除"按钮。

步骤 02 此时在对话框中即可看到所选的动画效果被删除了。

064 删除某张幻灯片中的所有动画效果

为某张幻灯片中的多个对象设置动画效果后，若对设置效果不满意，想要重新设置，逐个删除动画效果非常麻烦，可以选择一次性删除幻灯片中的所有动画，具体操作如下。

步骤 01 ❶ 在左侧导航窗格中选中要删除所有动画效果的幻灯片，❷ 在"动画"选项卡中单击"删除动画"下拉按钮，❸ 在弹出的下拉菜单中选择"删除选中对象的所有动画"命令。

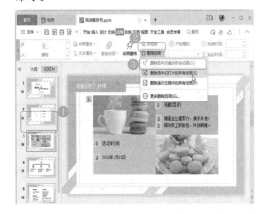

步骤 02 在弹出的提示对话框中单击"确定"按钮。

⚠ WPS 演示 ✕

点击"确定"，将会删除"选中幻灯片"上的所有动画。

确定　　取消

✎ 读书笔记

13.3 演示文稿放映与输出技巧

制作演示文稿的最终目的是放映和演示，制作完成后还需要进行相应的设置，才能让放映和输出的效果达到预期，因此掌握演示文稿的放映与输出技巧是很有必要的。

065　在备注页添加备注

前面介绍了在备注栏添加备注内容的相关操作，若添加的备注内容太长，还可以通过备注页进行添加，具体操作如下。

步骤 01 ❶ 在左侧导航窗格中选中要添加备注的幻灯片，❷ 切换到"视图"选项卡，❸ 单击"备注页"按钮。

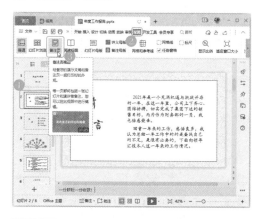

步骤 02 进入备注页视图，可看到幻灯片内容下方有一个文本框，可以在文本框中输入需要的备注内容。

步骤 03 单击"普通"按钮，可切换到普通视图继续编辑演示文稿。

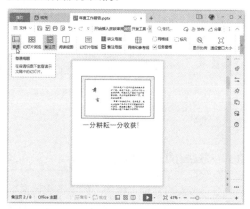

066　隐藏不需要放映的幻灯片

制作好演示文稿后，如果不希望文档中的部分幻灯片被放映出来，可以将其隐藏起来，具体操作如下。

步骤 01 ❶ 打开"素材文件\第 13 章\画册 .pptx"文件，在左侧导航窗格中选中不需要放映的幻灯片，❷ 切换到"放映"选项卡，❸ 单击"隐藏幻灯片"按钮。

步骤 02 ❶ 若需要将隐藏的幻灯片放映出来，可在左侧导航窗格中选中该幻灯片，❷ 在"放映"选项卡中再次单击"隐藏幻灯片"按钮。

067 放映幻灯片时隐藏鼠标指针

在放映幻灯片的过程中，如果不想让鼠标指针显示在屏幕上，可以通过设置将鼠标指针隐藏起来。

在放映状态下隐藏鼠标指针的具体操作如下：❶ 进入幻灯片放映状态，右击，在弹出的快捷菜单中选择"墨迹画笔"命令，❷ 在展开的子菜单中选择"箭头选项"命令，❸ 在展开的下一级子菜单中选择"永远隐藏"命令。

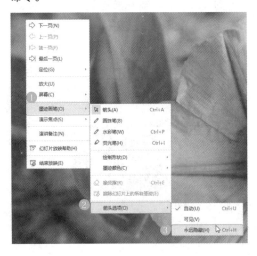

小提示

隐藏鼠标指针后，虽然屏幕上看不到鼠标指针，但是通过单击还是可以执行切换操作。

068 排练计时

排练计时就是在正式放映前用手动切换的方式进行换片，此时演示文稿将自动把换片时间记录下来，以后便可以按照这个时间自动进行放映了，具体操作如下。

步骤 01 ❶ 在演示文稿中切换到"放映"选项卡，❷ 单击"排练计时"下拉按钮，❸ 在弹出的下拉菜单中选择"排练全部"命令。

步骤 02 此时将进入幻灯片放映视图，同时出现"预演"工具栏，当放映时间达到预订时间后，单击"下一项"按钮 ▼，可切换到下一张幻灯片。

步骤 03 当预演到幻灯片末尾时，将出现一个提示对话框，单击"是"按钮保留排练时间。

步骤 04 此时演示文稿将退出排练计时状态，

在幻灯片浏览视图模式下可看到每张幻灯片的排练放映时间。

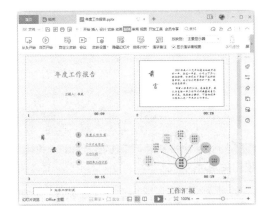

069　取消以黑屏结束幻灯片放映

默认情况下，演示文稿放映结束后，屏幕总显示为黑屏，此时需要单击或者按下 Esc 键才会退出全屏状态。

如果用户希望放映结束后不再显示黑屏，而是直接退出全屏状态，可通过下面的操作实现。

步骤 01 ❶ 单击 WPS 演示程序窗口中的"文件"下拉按钮，❷ 在弹出的菜单中选择"选项"命令。

步骤 02 ❶ 弹出"选项"对话框，在"视图"选项卡中取消勾选"以黑幻灯片结束"复选框，❷ 单击"确定"按钮。

070　将演示文稿输出为 PDF 文件

如果制作的演示文稿需要在其他设备上显示播放，这时就需要使用演示文稿的输出功能。在 WPS 演示中，用户可以将演示文稿输出为视频、图片、PDF 等多种格式文件。

下面将演示文稿输出为 PDF 文件，具体操作如下。

步骤 01 ❶ 在演示文稿中切换到"会员专享"选项卡，❷ 单击"输出为 PDF"按钮。

步骤 02 ❶ 弹出"输出为 PDF"对话框，勾选要输出的演示文稿名称，❷ 单击"保存位置"下拉列表框，❸ 选择"自定义文件夹"选项。

步骤 03 单击"保存位置"下拉列表框右侧的"浏览"按钮 ⋯ 。

步骤 04 ① 弹出"选择路径"对话框，选中要存放输出内容的目标文件夹，② 单击"选择文件夹"按钮。

步骤 05 返回"输出为 PDF"对话框，单击"开始输出"按钮。

步骤 06 输出成功后，单击左上角的"关闭"按钮关闭对话框。

步骤 07 找到目标文件夹，打开输出的文件，即可看到演示文稿输出为 PDF 文件的效果。

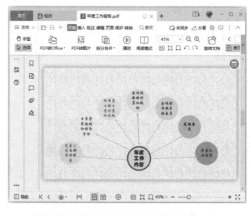

🔔 小技巧

　　打开"另存文件"对话框，将保存类型设置为"PDF(*.pdf)"格式后进行保存，也可将演示文稿保存为 PDF 文档。

第14章 WPS Office其他组件应用技巧速查

本章导读

本章主要讲解关于WPS Office其他组件的基础操作与应用的相关技巧，内容包括：PDF 文件使用技巧、流程图使用技巧、金山海报使用技巧、思维导图使用技巧及表单使用技巧。掌握这些技巧，一方面可以提高 WPS 其他组件的使用效率，另一方面也方便读者在操作使用过程中，通过这些技巧速查来解决相关问题。

知识技能

本章相关技巧应用及内容安排如下图所示。

- WPS Office其他组件应用技巧速查
  - 6个PDF文件使用技巧
  - 4个流程图使用技巧
  - 6个金山海报使用技巧
  - 7个思维导图使用技巧
  - 7个表单使用技巧

14.1 PDF 文件使用技巧

PDF 文件是一种常用文档格式，因其不易受到计算机环境的影响，且不易被修改而受到用户的青睐，掌握 PDF 文件的使用技巧可以帮助用户快速操作 PDF 文件。

071 从图片创建 PDF 文件

创建 PDF 文件时，用户除了新建空白文档进行自定义编辑外，还可以通过其他文档创建 PDF 文件，甚至可以将一张或多张图片创建为 PDF 文件，具体操作如下。

步骤 01 启动 WPS 2019，单击窗口上方标题栏中的＋按钮。

步骤 02 ❶打开"新建"窗口，在窗口左侧选择"新建 PDF"选项，❷在右侧单击"从图片新建"按钮。

步骤 03 弹出"图片转 PDF"对话框，单击"点击添加文件"超链接。

步骤 04 ❶弹出"添加图片"对话框，选中要创建为 PDF 文件的一张或多张图片，❷单击"打开"按钮。

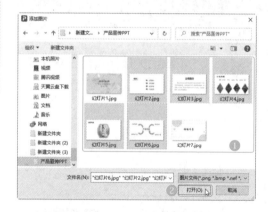

🔔 小技巧

在文件窗口选中某个图片文件，按下鼠标左键不放，将其拖动到"图片转 PDF"对话框后释放鼠标左键，也可添加图片文件。

步骤 05 返回"图片转 PDF"对话框，单击"开始转换"按钮。

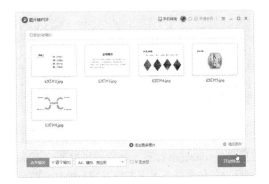

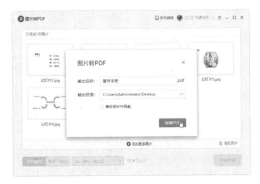

步骤 06 ❶ 在弹出的对话框中输入文件的输出名称，❷ 若要更改默认的输出位置，单击"输出目录"右侧的浏览按钮 ⋯ 。

步骤 09 图片转换成功后，单击"查看文件"按钮。

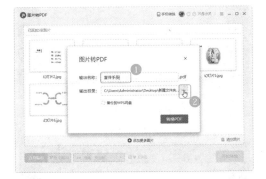

步骤 07 ❶ 弹出"选择路径"对话框，设置好 PDF 文件的保存位置，❷ 单击"选择文件夹"按钮。

步骤 10 在打开的 PDF 程序窗口中即可看到图片转换为 PDF 后的效果。

步骤 08 在返回的对话框中，单击"转换PDF"按钮。

072　播放 PDF 文件

查看 PDF 文件时，除了通过拖动窗口右侧的滚动条浏览后续页面外，还可以通过播放的形式向他人展示 PDF 文件内容，具体操作如下。

步骤 01 在打开的 PDF 文件中单击"播放"按钮。

步骤 02 此时将以全屏模式播放 PDF 文件，单击右上角的"放大"按钮⊕或"缩小"按钮⊖可调整显示的正文区域大小。

步骤 03 ❶ 单击"指针选项"下拉按钮，❷ 在展开的下拉面板中单击需要的指针类型，本例选择"水彩笔"选项。

步骤 04 ❶ 再次单击"指针选项"下拉按钮，❷ 在展开的下拉面板中单击需要的指针颜色。

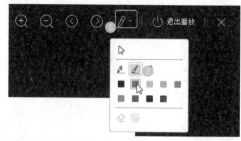

步骤 05 此时指针变为水彩笔形状，在需要标注的位置按下鼠标左键并进行拖动，即可进行绘制。

步骤 06 在右上角单击"下一页"按钮，可为播放的 PDF 文件翻页。

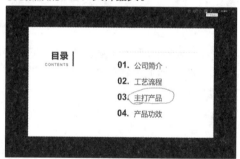

步骤 07 浏览到最后一页后，单击"退出播放"按钮，可退出 PDF 全屏播放状态。

步骤 08 在弹出的提示对话框中单击"保留"按钮，保留播放过程中的注释操作。

步骤 09 返回 PDF 程序窗口，单击快速访问工具栏中的"保存"按钮保存文件。

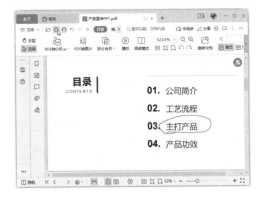

073　高亮显示 PDF 文本

在 PDF 文件中，如果需要将重要的内容突出显示，可以设置高亮提醒。下面将 PDF 文件中的部分文本高亮显示出来，具体操作如下。

步骤 01 ❶ 打开"素材文件 \ 第 14 章 \ 营销策划书 .pdf"，切换到"插入"选项卡，❷ 单击"高亮"下拉按钮，❸ 在展开的下拉面板中选择需要的高亮显示颜色。

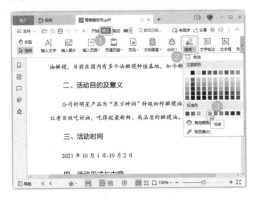

步骤 02 在文件中要设为高亮显示的文本处按下鼠标左键，拖动选择文本。

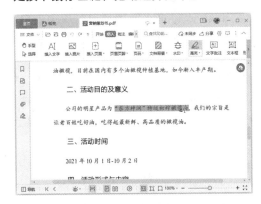

步骤 03 选择完成后释放鼠标左键，即可看到选中的文本呈所选颜色高亮显示的效果。

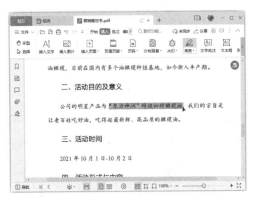

步骤 04 再次单击"高亮"按钮，即可退出高亮设置状态。

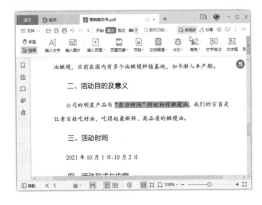

074　高亮显示 PDF 区域

在 PDF 文件中高亮显示重要内容时，不仅可以对文字进行突出显示，还可以设置突出显示一个区域，具体操作如下。

步骤 01 ❶ 在 PDF 文件中切换到"插入"选项卡，❷ 单击"区域高亮"下拉按钮，❸ 在展开的下拉面板中选择需要的高亮显示颜色。

步骤 02 在 PDF 文件中框选需要高亮显示的区域。

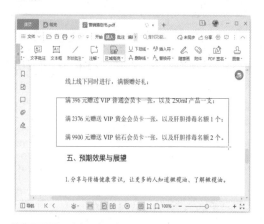

步骤 03 选择完成后释放鼠标左键，即可看到所选区域按设置的颜色高亮显示的效果。

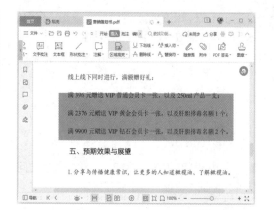

步骤 04 选中高亮显示的区域，将鼠标指针指向其中一个控制点，当指针变为双向箭头时拖动鼠标指针，可调整高亮区域的大小，设置完成后按下 Ctrl+S 组合键保存文件。

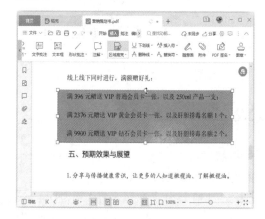

075　拆分 PDF 文件

通过其他格式的文档创建 PDF 文件后，若发现只需要以 PDF 格式显示部分页面，但是又不想重新创建文档，此时可将需要的页面从已有的 PDF 文件中拆分出来，具体操作如下。

步骤 01 ❶ 打开"素材文件 \ 第 14 章 \ 营销策划书 .pdf"，在"开始"选项卡中单击"拆分合并"下拉按钮，❷ 在弹出的下拉菜单中选择"拆分文档"命令。

步骤 02 ① 弹出"金山 PDF 转换"对话框，选中要拆分的文件前的复选框，② 单击"拆分方式"下拉列表框，选择"选择范围"选项，在右侧文本框中设置拆分的页码，例如将第一页拆分为单独的 PDF 文件，则输入"1-1"，③ 单击"开始拆分"按钮。

🔔 **小提示**

对总页数超过 5 页以上的 PDF 文件进行拆分，需要开通会员功能才能操作。

步骤 03 按照上一步的操作方法继续对其他页码进行拆分，拆分完成后单击右上角的"关闭"按钮。

步骤 04 进入目标文件存放位置，可看到依次以原文件名称命名的文件夹，双击文件夹名称。

步骤 05 在打开的文件夹中双击拆分后的 PDF 文件。

步骤 06 在打开的页面中可看到拆分后的文档效果。

076　将多个 PDF 文件合并在一起

在实际工作中，为了播放方便，用户可以

将多个需要的 PDF 文件合并在一个文件中，具体操作如下。

步骤 01 ❶ 打开"素材文件\第 14 章\宣传手册 _2-4.pdf"，在"开始"选项卡中单击"拆分合并"下拉按钮，❷ 在弹出的下拉菜单中选择"合并文档"命令。

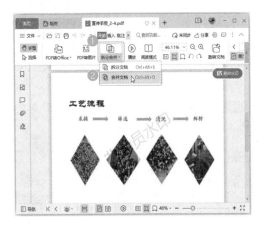

步骤 02 弹出"金山 PDF 转换"对话框，单击"添加文件"按钮。

🔔 **小提示**

对总页数超过 5 页以上的 PDF 文件进行合并，需要开通会员功能才能操作。

步骤 03 ❶ 弹出"PDF"对话框，选中要合并在一起的其他 PDF 文件，❷ 单击"打开"按钮。

步骤 04 返回"金山 PDF 转换"对话框，单击文件右侧的"上移"或者"下移"按钮可调整合并后文件的显示位置。

步骤 05 显示顺序调整完成后，单击"输出目录"下拉列表框，设置输出文件的保存位置，本例选择"自定义目录"选项。

步骤 06 单击右侧的"浏览"按钮 … 。

步骤 07 ❶ 弹出"自定义目录"对话框，设置保存路径，❷ 单击"选择文件夹"按钮。

步骤 08 返回"金山 PDF 转换"对话框，单

击"开始合并"按钮。

步骤 09 合并成功后，在打开的程序窗口中即可看到将多个 PDF 文件合并在一起后的效果。

14.2 流程图使用技巧

流程图通常用来表现事物之间的逻辑关系，掌握流程图的使用技巧，可以帮助用户快速创建美观大方的流程图文件。

077　更改流程图的页面方向

默认情况下，流程图的页面方向显示为竖向，若希望将流程图的页面更改为横向显示，具体操作如下。

步骤 01 ❶ 打开流程图文件，切换到"页面"选项卡，❷ 单击"页面方向"下拉按钮，❸ 在弹出的下拉菜单中选择"横向"命令。

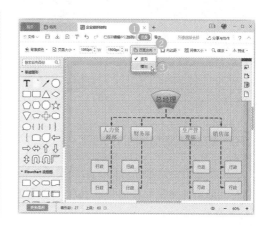

步骤 02 在程序窗口中即可看到页面从竖向更改为横向的效果。

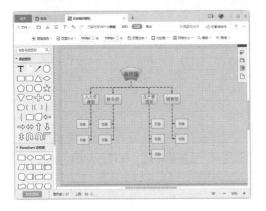

078 更改流程图的页面大小

默认情况下，流程图的页面大小为 A4 纸张大小，用户可根据需要将其更改为 A3 或者 A5，还可以自定义流程图的页面大小。

下面将流程图的页面设为高 900px × 1100px，设置方法为：在流程图窗口中切换到"页面"选项卡，在"W"和"H"微调框中输入需要的大小，按下 Enter 键。

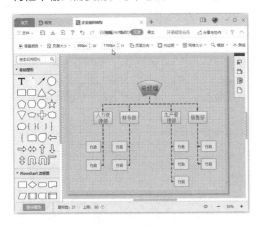

079 更改流程图图形的排列位置

在流程图中绘制图形时，若发现最先绘制的图形需要调整到其他图形上方，可通过调整图形的排列来更改其位置，具体操作如下。

步骤 01 根据前面所学的操作方法在流程图中绘制几个图形，并将每个图形在上一个图形上覆盖一部分区域。

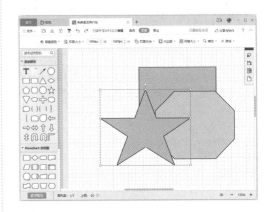

步骤 02 ❶ 选中最下方的图形，❷ 切换到"排列"选项卡，❸ 单击"上移"按钮。

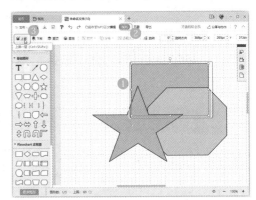

步骤 03 此时可看到选中的图形向上移动了一层，单击"置顶"按钮。

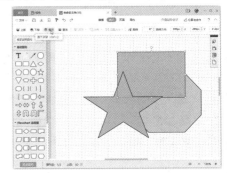

步骤 04 此时可看到所选形状调整到最前方的效果。

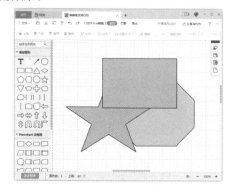

080　基于模板创建流程图

WPS 中内置了多种流程图模板，如果用户觉得逐个地绘制图形比较麻烦，可以直接套用内置模板，基于模板创建流程图的方法如下。

步骤 01 启动 WPS 2019，单击窗口上方标题栏中的╂按钮。

步骤 02 ❶ 打开"新建"窗口，在窗口左侧导航栏中选择"流程图"选项，❷ 在右侧单击需要的流程图类型。

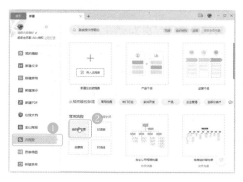

步骤 03 在显示的模板资源栏中单击需要的流程图模板。

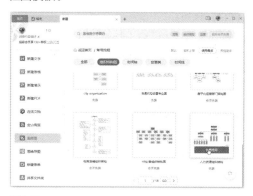

步骤 04 在打开的程序窗口中可看到套用的流程图模板样式。

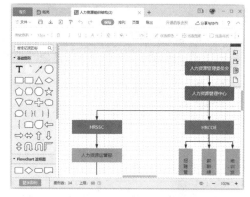

步骤 05 ❶ 单击文档窗口中的"文件"下拉按钮，打开"文件"菜单，❷ 选择"另存为 / 导出"命令，❸ 在展开的子菜单中选择需要的保存类型，本例选择"JPG 图片"格式。

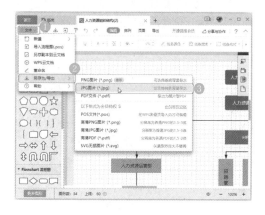

步骤 06 ❶ 弹出"导出为 JPG 图片"对话框，设置好文件的保存位置和文件名称，❷ 单击"保存"按钮。

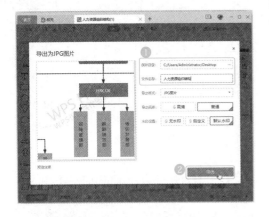

小提示

非会员状态下，导出的 JPG 图片或 PDF 图片自带默认水印，若要导出不带水印的图片，需注册会员。

✎ 读书笔记

14.3 金山海报使用技巧

金山海报常用来宣传产品或者发布招聘信息等，掌握金山海报的使用技巧，可以帮助用户快速制作精美、专业的广告。

081 套用内置素材文字

金山海报提供了多种漂亮的素材文字供用户选择，通过套用内置素材文字可以省去设计的麻烦，具体操作如下。

步骤 01 ❶ 在程序窗口左侧的"主导航"栏中单击"文字"选项，❷ 在打开的"文字"导航窗口中单击需要的素材文字选项。

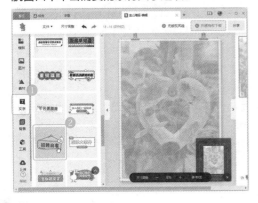

步骤 02 右侧编辑区中将可看到插入的素材文字效果，选中插入的素材文字，通过四周的控制点可调整素材文字的大小，选中后拖动鼠标可调整素材文字的显示位置。

步骤 03 若想要自定义设计海报文字，可选中插入的素材文字，按下 Delete 键将其删除。

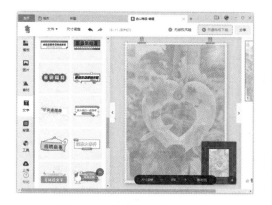

小提示

　　插入素材文字后，双击素材文字位置，可进入文本编辑状态，此时可以将素材文字中的原内容修改为自己需要的内容。

082　在海报中插入表格

　　金山海报中还提供了多种表格样式，可以帮助用户快速插入和编辑表格内容，具体操作如下。

步骤 01 ❶ 在程序窗口左侧的"主导航"栏中单击"工具"选项，❷ 在打开的导航窗口中单击"表格"选项，❸ 在展开的面板中单击需要的表格样式。

步骤 02 ❶ 双击插入的表格，在打开的"编辑表格"对话框中录入表格内容，❷ 在下方的"行"和"列"微调框中设置显示的行数和列数，❸ 设置完成后单击"确认修改"按钮。

步骤 03 返回海报窗口，在左侧导航栏中可设置表格的颜色及文字对齐方式。

083　在海报中插入图表

　　如果用户觉得表格的效果不够直观，还可以在海报中插入图表，具体操作如下。

步骤 01 ❶ 在程序窗口左侧的"主导航"栏中单击"工具"选项，❷ 在打开的导航窗口中单击"图表"选项，❸ 在展开的面板中单击需要的图表样式。

步骤 02 此时窗口左侧的窗格中可显示数据编辑区，在其中可设置图表的名称和数据，右侧编辑区将同步显示更改后的效果。

085 基于已有画布创建新页面

在海报中新建画布时，若希望新建的画布与前一张一样或者类似，可以对已有的海报页面进行复制，操作方法如下。

步骤 01 在海报编辑窗口的右侧预览窗格中，将鼠标指针指向已有的某张画布，单击浮现出来的"复制"按钮。

084 在海报中添加画布

在实际工作中，用户大多基于一张画布编辑海报，如果要编辑多页海报，可以自定义添加海报页面。

添加海报页面的操作方法为：在海报编辑窗口的右侧窗格中，显示了海报的预览效果，单击下方的+按钮即可添加空白画布。

步骤 02 此时在右侧预览窗格中即可看到基于所选画布创建的新画布。

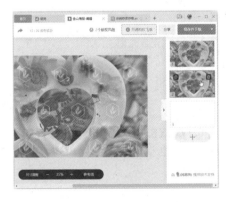

086 删除已有画布

在海报中创建多张画布后，如果其中的一张或者多张画布不再需要，用户可以选择将其删除。

下面删除海报中的某张画布，具体操作如下。

步骤 01 在海报编辑窗口的右侧预览窗格中，将鼠标指针指向要删除的某张画布，单击浮现出来的"删除"按钮。

步骤 02 此时在右侧预览窗格中即可看到所选画布已被删除。

✏️ 读书笔记

_____

_____

_____

_____

14.4 思维导图使用技巧

掌握思维导图的使用技巧，可以帮助用户快速搭建美观大方的记忆框架。

087 基于模板创建思维导图

WPS 中内置了多种思维导图模板，通过模板可以快速创建美观的思维导图，基于模板创建思维导图的方法如下。

步骤 01 ❶ 启动 WPS 2019，打开"新建"窗口，在窗口左侧选择"思维导图"选项，❷ 在右侧单击需要的思维导图类型。

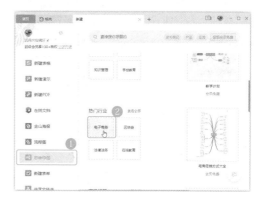

步骤 02 在显示的模板资源栏中单击需要的模板样式。

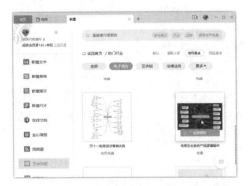

步骤 03 在打开的窗口中可看到基于该模板的浏览效果，单击"使用此模板"按钮，即可基于此模板创建一个思维导图。

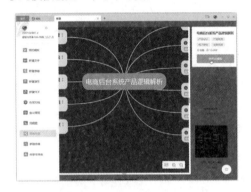

088　更改思维导图结构

海报设计完成后，为了便于以后查看或者保存，可以将其下载到计算机或手机中。下面将海报下载到本地计算机，具体操作如下。

步骤 01 ❶ 在创建的思维导图中，选中任意节点，❷ 在"样式"选项卡中单击"结构"下拉按钮，❸ 在弹出的下拉菜单中选择需要的结构样式。

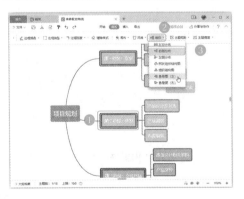

步骤 02 在返回的思维导图中即可看到更改结构后的效果。

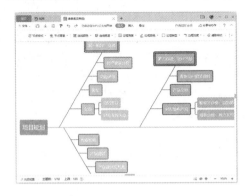

089　更改画布颜色

在创建空白思维导图时，默认的画布颜色为白色，为了让思维导图更加美观，可将画布颜色更改为喜欢的色彩，具体操作如下。

步骤 01 ❶ 在"开始"选项卡中单击"画布"下拉按钮，❷ 在展开的下拉面板中单击需要的颜色。

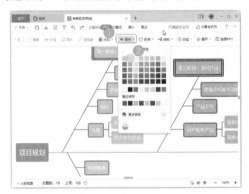

步骤 02 在返回的思维导图中即可看到更改画布颜色的效果。

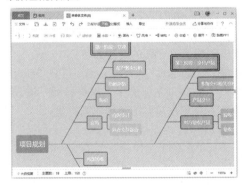

090　更改思维导图主题风格

WPS 2019 默认的主题风格为基础曲线，另外还内置了多种风格供用户选择。若用户对默认的主题风格不满意，可以设置其他风格样式。

更改思维导图主题风格的方法十分简单，具体操作为：❶ 在"开始"或者"样式"选项卡中，单击"风格"下拉按钮，❷ 在展开的下拉面板中选择需要的主题风格。

091　添加编号图标

在编辑思维导图时，若需要对子主题进行编号，可以通过键盘进行录入，其实思维导图中也提供了编号图标，方便用户快速插入，具体操作如下。

步骤 01　❶ 选中要插入编号图标的主题，❷ 切换到"插入"选项卡，❸ 单击需要的图标。

步骤 02　此时即可看到插入编号图标的效果，按照上一步操作方法继续插入其他编号图标。

小技巧

在思维导图中选中主题后，切换到"插入"选项卡，单击右上角的"图标"下拉按钮，在下拉面板中也可以选择需要插入的图标。

092　为主题添加标签

在编辑思维导图时，可以通过添加标签来显示该主题的进展情况，以帮助浏览者了解项目的进度。在思维导图中，用户不仅可以添加内置的标签样式，还可以自定义标签内容。

下面为主题添加自定义标签，具体操作如下。

步骤 01　❶ 选中要添加标签的主题，❷ 切换到"插入"选项卡，❸ 单击"标签"按钮。

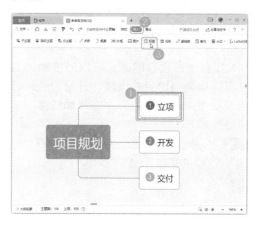

步骤 02 所选主题下方将显示"当前标签"窗口，根据需要设置标签颜色和内容。

步骤 03 单击编辑区中的任意位置，退出标签编辑状态，即可看到设置标签后的效果。

093 为主题添加任务

在制作思维导图时，可以为主题添加任务，用来列明完成进度、开始和结束日期及负责人等信息。为主题添加任务的具体操作如下。

步骤 01 ❶ 选中要添加任务的主题，❷ 在"插入"选项卡中单击"任务"按钮。

步骤 02 根据需要，在所选任务下方显示的"任务"框中设置任务的优先级、完成进度、开始日期、结束日期和负责人等内容。

步骤 03 设置完成后，单击思维导图任意位置，退出任务编辑状态。

✏️ 读书笔记

14.5　表单使用技巧

表单的作用是以问题的方式让发布者了解被邀请者的需求和意向，掌握表单的使用技巧可以帮助用户快速创建需要的表单。

094　如何添加图片标题

在制作表单时，为了给顾客带来更加愉悦的视觉效果，可以根据需要插入图片。在 WPS 表单中，不仅可以在标题中插入图片，还可以在选项中插入图片。

下面在标题中插入图片，具体操作如下。

步骤 01 ❶ 单击题目右下角的展开按钮⋯，❷ 在弹出的下拉菜单中选择"添加文件 / 图片（标题）"命令，❸ 在展开的子菜单中选择"本地文件 / 图片"命令。

步骤 02 ❶ 弹出"打开文件"对话框，选中要插入标题的图片，❷ 单击"打开"按钮即可将其插入。

在添加了图片的题目中，单击右下角的展开按钮⋯，在弹出的下拉菜单中可看到"添加文件 / 图片（标题）"命令变为"替换文件 / 图片（标题）"命令，选择此命令可更改插入的图片。

095　对表单中插入的图片进行裁剪

在表单中插入图片后，若只需要重点显示图片中的部分区域，可以将不需要的部分裁剪掉，具体操作如下。

步骤 01 选中插入表单的图片，单击图片右下角显示的"裁剪"按钮。

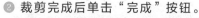

步骤 02 ❶ 此时图片处于可编辑状态，通过四周的控制框调整要裁剪的区域，❷ 裁剪完成后单击"完成"按钮。

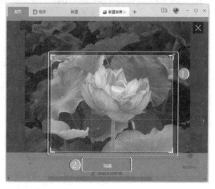

096　删除表单中插入的图片

在表单中插入图片后，如果发现插入的图片是多余的，或者不再需要了，可以选择将其删除。

下面以删除刚才添加的图片为例，具体操作如下。

步骤 01 选中插入表单的图片，单击图片右下角显示的"删除"按钮。

步骤 02 在弹出的提示对话框中单击"删除"按钮，确认删除图片。

097　设置并添加常用题目

在表单中添加题目后，如果后面经常用到此类题目，可以将此题设为常用题，以后制作表单的过程中可以快速套用，避免每次添加和设置选项的麻烦。

下面将多选题设为常用题并添加，具体操作如下。

步骤 01 ① 单击需要设为常用题的题目右下

角的展开按钮 ，② 在弹出的下拉菜单中选择"将此题添加为常用题"命令，即可将此多选题设为常用题。

步骤 02 当需要添加此常用题时，在左侧导航窗格下方的"我的常用题"栏中单击需要插入的常用题。

步骤 03 此时表单编辑区可看到快速插入的题目内容，可将其修改为需要的内容。

098　设置互斥选项

在添加多选题时，如果希望其中的两个选项只能二者择其一，可以添加互斥选项。

下面设置"梧桐树"和"银杏树"为互斥选项，具体操作如下。

步骤 01 选中要添加互斥选项的题目，勾选下方的"设置互斥选项"复选框。

步骤 02 此时选项右侧将出现"互斥项"复选框，勾选"梧桐树"和"银杏树"选项右侧的"互斥项"复选框。

步骤 03 退出题目编辑状态，即可看到这两个选项后面出现"（互斥项）"字样。

099　限制选项数量

多选题的答案通常为多个，用户可以根据需要设置多选题的选项数量，即最多选择多少个选项和最少选择多少个选项，设置方法如下。

步骤 01 选中要设置选项数量的选择题，在编辑区中单击"限制选项数量"超链接。

步骤 02 ❶ 弹出"选择数量限制"对话框，根据需要设置最多选择和最少选择的数量，❷ 设置完成后单击"确定"按钮。

100 提交表单

被邀请者收到表单链接后，可以通过计算机端或客户端填写表单，填写完成后将信息反馈给发布者，发布者就可以查看收集到的表单结果了。下面以移动端为例，介绍提交表单的具体操作。

步骤 01 使用手机在网页中打开链接，或者直接扫描表单创建成功的二维码，在打开的界面中单击"立即登录"按钮。

步骤 02 ❶ 使用微信登录金山表单，填写好相关问题，❷ 单击"提交"按钮。

步骤 03 弹出提示对话框，单击"确定"按钮提交表单。

✎ 读书笔记